산학협력 프로젝트를 위한

캡스톤 디자인

양효식 · 백성욱 공저

21세기사

PREFACE

캡스톤 디자인은 실제 수요를 요구하는 산업체에 적합한 창의적인 인재 양성을 위한 교육프로그램으로 창의적인 아이디어의 기획에서 설계·제작에 이르기까지, 전 과정을 학생 스스로가 이끌어 가며 수학적 사고와 함께 논리적인 사고를 배양할 수 있도록 진행된다. 이 과목은 종합설계 교과목으로 분류되어 학부과정에서 배운 다양한 기술을 종합적으로 적용하여 제한된 하드웨어의 특성을 이해하며 주어진 요구사항을 충실히 만족하는 소프트웨어의 개발에 목적이 있다.

소프트웨어 엔지니어는 기존의 단순한 소프트웨어 코딩에서 벗어나 소프트웨어의 생명주기를 이해하여 시스템의 입력과 출력을 정의하는 요구사항 분석, 시스템의 요소를 분석하는 시스템 분석, 데이터 관점에서 솔루션 제공을 위한 시스템 디자인, 시스템 구현 및 요구사항을 만족하고 있는지를 확인하는 테스팅의 일련의 소프트웨어 개발 과정을 수행할 수 있는 엔지니어를 의미한다. 캡스톤 디자인을 통하여 이러한 능력 배양을 돕기 위해 본 교재는 소프트웨어 생명주기를 기반으로 한 다양한 설계기법으로 구성되어 있다.

본 교재는 캡스톤 디자인 교과에 필요한 일련의 과정을 담고 있다. 캡스톤 디자인의 기본 개념을 시작으로 프로젝트의 팀 구성 방법, 소프트웨어 개발 생명주기, UML (Unified Modeling Language)를 이용한 다양한 설계 다이어그램 (use case, 클래스 및 시퀀스 다이어그램) 작성법을 포함하였다. 이와 함께 기존의 기업체 멘토들의 지적사항을 반영하여 계획서 및 보고서 등의 문서 작성법과 발표자료 작성법에 대한 내용을 할애하였다. 또한 캡스톤 디자인을 수행할 수 있는 무한상상공간을 소개함으로서 이러한 공간이 어떻게 캡스톤 디자인 수업과 함께 시너지 효과를 발휘할 수 있는지에 대하여 다루었다. 마지막으로 기존 학생들의 실제 예를 추가하여 학생들이 참고할 수 있도록 하였다.

본 교재를 통하여 소프트웨어 개발론에 좀더 쉽게 접근할 수 있도록 노력하였으며 다양한 문서작성법을 소개함으로써 소프트웨어 생명주기에 따른 버전관리에 대하여 소개하여 실무에서 활용할 수 있도록 하였다.

저자일동

CONTENTS

CHAPTER **1**

캡스톤 디자인이란?

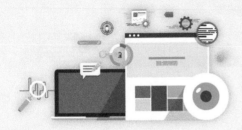

학습목표

- 캡스톤 디자인의 개념
- 캡스톤 디자인과 팀워크 관계
- 캡스톤 디자인 결과물의 중요성

캡스톤 디자인(Capstone Design)은 돌기둥이나 담 위의 갓돌, 최종적으로 거두는 최고의 업적이라는 뜻을 가진 Capstone과 건물 · 책 · 기계 등의 디자인, 설계도, 도안, 디자인(술), 설계(법)등의 뜻을 지닌 Design의 합성어로써 대학에서 공학계열 학생들에게 산업현장에서 부딪칠수 있는 문제들을 해결할 수 있는 능력을 길러주기 위해 졸업 논문 대신 작품을 기획 · 설계 · 제작하도록 하는 종합설계 교육프로그램을 지칭하는 것이다.

[한경 경제용어사전]

1.1 콘텐츠 개발과 캡스톤 디자인

콘텐츠란 문화와 연결되어 일반적으로 정의할 수 있는데 "문화적 소재가 구체적으로 가공되어 매체에 체화한 무형의 결과물"이라고 하며, 또한 기획자의 창의력과 상상력을 통한 일련의 스토리텔링 방법을 뜻하기도 한다. 그 중에서 소재 가공은 다양한 매체를 통해 이루어지며 여기서 매체라는 의미는 콘텐츠를 담아내는 방식이자 통로라는 점에서 중요한 역할을 하게 된다.

1.2 캡스톤 디자인과 팀워크

캡스톤 디자인은 개인 뿐만 아니라 팀워크를 통해 창의적인 아이디어를 구체화된 결과물로 도출해내는 것으로, 개인의 상상력에서 시작하여 기획능력, 세부적으로 구체화하는 능력, 그리고 문제를 해결할 수 있는 능력 등 다양한 과정을 통해 많은 것을 배울 수 있는 교과목이다. 또한 팀별 작업을 통해 서로 의사소통하는 방법을 익히고, 각자의 능력에 맞춘 역할분담과 서로 다른 의견들을 조율하는 과정을 통해 새로운 결과물을 만들어 낼 수 있다.

팀워크는 작업을 하는 과정에서 가장 중요한 부분이다. 팀워크를 통해 각자의 위치에서 최선을 다하고 맡은바 일을 충실히 진행함으로써 좋은 결과물을 도출할 수 있다.

1.3 캡스톤 디자인 결과물의 중요성

캡스톤 디자인은 공학 분야 뿐 만 아니라 인문, 사회계열에서도 필요한 것으로, 실제 수요를 요구하는 산업체에 적합한 창의적인 인재 양성을 위한 교육프로그램이다. 또한 캡스톤 디자인은 창의적인 아이디어의 기획에서 설계 · 제작에 이르기까지, 전 과정을 학생 스스로가 이끌어 가며 수학적 사고와 함께 논리적인 사고를 배양할 수 있도록 진행된다. 이러한 과정을 통하여 인류에게 필요한 새로운 제품들을 기획하고 개발하며, 지식재산 창출에 이르기까지의 다양한 결과물들을 도출하게 된다.

CHAPTER **2**

캡스톤 디자인

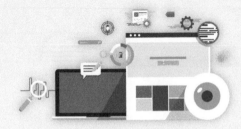

학습목표

- 캡스톤 디자인의 진행방법 활용 및 작성
- 그룹 구성을 통한 그룹 프로젝트 진행

캡스톤 디자인을 효율적으로 수행할 수 있도록 해당 스텝에 따른 진행 방법과 문서 작성에 대한 샘플을 제시하였다. 샘플을 통해 캡스톤 디자인을 작성하여 학습자들에게 가이드라인을 제공하려고 한다.

2.1 캡스톤 디자인 Flow

캡스톤 디자인에의 진행 방법은 5가지 과정을 통해 이루어진다. 진행과정은 "Group → Research → Data Analysis & Concept Proposal → Development Schedule → Report" 로 구성되고 각 과정은 순차적으로 진행된다.

[그림 1] 캡스톤 디자인 진행 방법

2.2 Step1. Group

첫 번째 과정은, 팀을 구성하여 팀 내에서 팀장과 팀원을 나누고 진행할 팀 주제를 선정한 뒤 팀 구성원들 간의 역할을 정하는 과정으로 이를 Group 과정이라고 한다. 그룹 과정에서 팀은 기본적으로 3 ~ 5명으로 구성하며 그룹이 구성되면 팀을 전체적으로 지휘할 팀장을 선출한다. 팀장은 자발적인 의사를 기준으로 정하며 그 전에 자신의 능력이 아래의 부분에 해당되는지 살펴본다.

- 상대방을 위해주고 배려하는 능력과 이끌어가는 능력

- 고집에 의하지 않고 정확한 분석에 의한 결정력

- 역할이 과중되지 않고 팀원들을 배려한 역할 배정 능력

위의 3가지 능력이 아니더라도 적극적이며 책임감을 가지고 할 수 있는, 자신감 있는 사람으로 선정한다.

팀 주제 선정 과정에서는 팀장과 팀원들의 회의를 통해 팀 능력에 가장 적합한 주제를 선정한다.

팀 내 역할에 대한 분배는 팀장이 팀원들의 능력을 감안하여 구성하며, 프로젝트를 진행하는 도중에라도 팀원의 능력에 따라 역할을 바꾸거나 협업을 하는 구조로 조정하는 등 변동이 발생할 수 있다. 이때는 팀장이 상황을 판단하여 일차적인 선택을 하고 팀원들의 의견이 있을 경우 이를 수렴하여 역할을 할당하도록 한다.

2.3 Step2. Research

(참고문헌: http://bteam02.pbworks.com/w/page/4351587/시장%20조사)

두 번째 과정은 팀에서 선정한 주제로 시장조사, 요구분석을 한 후 이를 토대로 시장조사에 대한 보고서를 작성하는 과정이다. 이 과정에서 시장조사를 할 때는 실제로 사용할 사용자들의 요구분석을 하고 실제 시장에서 얼마나 필요로 하는지에 대한 조사를 중점으로 한다. 단, 조사 과정에서 좋은 결과가 나오지 않는다면 Step1의 주제를 새로 선정하거나 시장조사에 따른 주제변경이 가능하기 때문에 억지로 주제에 시장조사를 맞출 필요는 없다.

시장조사란 과거와 현재 상황을 조사하고, 분석을 통해 미래를 예측함으로써 시장전략 수립의 지침을 제공하고자 하는 미래 지향적인 활동으로, 마케팅 의사결정을 위해 실행 가능한 정보 제공을 목적으로 다양한 자료를 체계적으로 획득하고 분석하는 객관적이고 공식적인 과정을 말한다. 즉, 기업의 활동을 시장 환경에 적응시켜 기업이 추구하는 목적을 달성하기 위한 전략이나 정책을 세우는데 필요한 정보를 입수하기 위해 각종 자료를 수집하고 분석하는 일련의 과정으로 정의된다. 좀 더 구체적으로 시장조사를 들여다보면 시장조사는 목표시장, 경쟁사, 그리고 기업환경에 대한 자료를 수집·분석하는 작업이라 할 수 있다. 이러한 시장조사를 통해 얻어진 정보는 중요한 전략적 의사결정에 도움을 줄 수 있는 정보라야 하는 점을 명심해야 한다.

시장조사는 의사결정을 위한 정보의 제공 즉 정확성, 현실성, 충분성, 관련성, 그리고 이용가능성을 지닌 정보를 수집하여 인터넷 비즈니스의 여러가지 전략이나 계획을 수정, 보완하는 것을 그 주요 목적으로 한다. 최근에는 하나의 시장 트랜드를 분석하기 위한 기초자료를 수집하고 신제품 개발 전에 시장 동향이나 고객의 성향을 조사하여, 새로 진입하려는 시장의 성격을 미리 파악하기 위한 필수 과정으로 시장조사 방법이 자리 잡아가고 있다. 이러한 시장조사의 활용으로는 창업 및 신규사업의 경우 시장조사를 통해 판매 가능한 수요를 예측하고, 예측된 수요에 따라 시설을 계획하며 생산 및 판매계획을 세워 평가해 봄으로써 계획사업의 경제성이 어느 정도인지에 대한 분석을 가능하게 해 준다는 것이 있다. 또한 시장조사를 통해 광고 등 판매촉진비용, 유통과정상의 비용, 판매가격, 할인 및 신용정책 등에 관한 정보를 입수하고 그 원인과 효과를 분석하여 비용관리, 유통방법, 광고정책, 판매 가격정책, 신용정책 등을 수정하고 보완하는데 활용될 수 있다.

■ 시장조사를 통한 이점으로는 아래와 같다.

- 첫째, 시장조사는 고객들이 지닌 특성에 대한 정보를 제공한다.

- 둘째, 시장조사는 구매력(Purchasing Power)과 구매습관(Buying Habit)을 알려준다.

- 셋째, 시장조사를 통한 정보는 목표시장의 자금규모와 경제적 속성 등을 밝혀준다.

- 넷째, 시장 경쟁력은 당신과 같은 분야에 있는 다른 회사에 대한 정보로서 다음과 같은 질문에 해답을 제시한다.

- 다섯째, 환경적인 요인에 대한 시장정보는 생산성과 사업운영에 영향을 미치는 경제적 및 정치적 환경을 알려준다.

- 여섯째, 시장조사는 현재 그리고 미래고객과의 커뮤니케이션을 제공한다. 즉, 당신이 확실한 시장조사를 하게 되면, 고객들과 직접 대화할 수 있는 좀 더 효과적이고 목적 지향적인 마케팅 전략을 짤 수 있다.

- 일곱째, 시장조사는 사업 아이템의 리스크를 최소화 시켜주고, 사업 아이템이 지닌 제반 문제가 무엇인지 알려주고 구체화 시켜준다.

- 여덟째, 시장조사는 유사사업에 대한 벤치마킹을 할 수 있도록 도와주며, 사업 프로세스의 추적 및 사업의 성공가능성을 평가할 수 있도록 해 준다.

■ 시장을 조사하기 위해서는 아래의 시장조사 4단계를 거쳐 조사를 한다.

문제제기	• 조사를 통해 해결해야 할 문제자체와 문제들이 야기된 배경에 대한 분석
시장조사 설계	• 조사하는 목적이 무엇인지, 현재 봉착한 문제가 무엇인지, 현재시점에서 세울 수 있는 가설은 어떠한지 등에 대한 검토 • 이용될 조사 방법을 제시하고, 조사 시 따라야 할 전반적인 틀을 설정하며, 자료 수집 절차와 자료 분석 기법을 선택 • 조사일정을 작성하고, 소요될 인원, 시간을 고려 • 시장조사 설계를 평가하고 여러 대안 중 필요한 정보를 제공 할 수 있는 방법 채택
자료 수집	• 1차 자료 : 자신이 직접 수집하는 자료(직접 질문, 전화, 설문조사, 면접 등) • 2차 자료 : 각종 문헌, 신문이나 잡지, 인터넷 검색엔진 이용
자료 취합	• 자료의 분석, 해석 및 전략보완과 수정

시장조사 방법은 크게 1차 조사(Primary Research)와 2차 조사(Secondary Research)로 나뉜다. 1차 조사는 자신의 상품에 대한 목표 구매자, 현재 구매자의 사용패턴, 상품 특징 등에 관한 데이터를 수집하고 조사하는 것이며, 2차 조사는 관련도서나 정기간행물 등을 통해 조사하는 것으로 1차 조사보다 시간이 덜 소요되고 저렴한 비용으로 조사할 수 있다. 통상 일반적인 시장조사방법은 1차적으로 통신이나 인터넷을 통해 폭 넓은 자료를 수집하는 것이다. 이러한 방법은 자료수집이 용이하고 빠르다는 장점과, 수집되는 정보가 다양하여 전체적인 동향이나 흐름, 세부적인 시장조사의 방향설정 등에 많은 도움을 줄 수 있다는 장점을 가진다. 반면, 정보의 깊이가 깊지 않고, 꼭 필요한 정보로 재가공을 해야 하는 단점이 있으므로, 말 그대로 1차 자료수집에 적당한 방법이라고 할 수 있다. 1차 자료수집에 의해 전체동향을 파악하고, 시장분석의 방향과 흐름을 정할 수 있으며, 이것이 완료되면 2차적으로 세부적인 조사를 실시한다. 창업하고자 하는 관련 산업동향에 관해 알고 싶다면 정보서비스 회사나 무역협회, 산업전문가로부터 정보를 입수할 수 있다. 직접 방문이나, 혹은 컨설팅회사의 도움을 받는 방법 등이 있을 것이다. 어떠한 방법을 실시하던지 핵심은 실질적인 조사와 함께 객관적인 근거를 제시할 수 있는 방법이어야 한다는 점이다.

■ 시장조사 시, 주의사항

시장조사 시, 가장 먼저 시장분석의 필요성과 목적을 결정해야 한다. 이는 실제로 비즈니스를 새로 시작하기 전에 무엇을 알아야 하는지를 결정하는 것을 말한다. 이러한 시장조사의 주의사항을 다음에서 구체적으로 알아보자.

① 어느 한가지 조사방법만을 고집하지 않는다.

시장조사에서 가장 중요한 것은 어떤 방법을 써서 조사했느냐가 아니라, 얼마나 정확히 시장현황을 파악했느냐이다. 따라서 중요하거나 쉽다고해서 한가지 조사방법만을 고집하는 것은 정확한 결과 도출에 걸림돌이 된다.

② 개별적인 인터넷 비즈니스 업체의 성과보고서에 의존하지 않는다.

국내 인터넷시장은 아직 그 규모가 작을 뿐만 아니라 실제로 이익을 내고 있는 업체 또한 드물다. 이러한 사실 때문에 아직은 각 인터넷 비즈니스 관련 업체들이 관련자료 제공을 꺼려하는 경향이 있다. 즉, 일반적인 거시적 환경에서의 시장동향에 관한 자료들은 문헌조사방법을 통해 쉽게 구할 수 있을지는 모르나, 인터넷 비즈니스의 방문자들이 일반 웹사이트의 방문자에 비교해 어떠한 행동을 보이는지, 인터넷 상으로 판매되는 제품별 시장규모가 어떠한지, 어떤 제품의 판매 성장률이 가장 두드러지는지 등에 대한 시장자료를 획득하기는 매우 어려운 실정이다. 또 소비자에게 좋은 이미지를 얻기 위해 시장조사 시 매출액을 과장하여 언론에 보도하는 경향이 있기 때문에 외부에 노출된 기업들의 성과보고서 결과에 전적으로 의존해서는 안 된다.

③ 외국의 성공사례를 무조건 도입하려 하지 않는다.

현재 발행되고 있는 외국의 비즈니스 관련서적이나 잡지 등을 보면 우리나라의 성공사례 보다는 미국의 성공사례 자료들이 더 많이 소개되고 있다. 여기에서 주의해야 할 점은 미국과 우리나라는 비즈니스 환경이 다를 뿐더러 소비자들의 생활패턴에도 약간의 차이가 있고, 근본적으로 문화 사회적인 기반이 다르기 때문에 미국의 자료가 반드시 우리의 사정에 적합하지는 않다는 점이다. 즉, 사례조사방법을 통한 시장조사를 통해 '외국에서 특정 전략을 통해 성공한 사례가 많으므로 우리도 성공할 것이다.'라는 위험한 사고를 버리고 현재 우리나라에서 설정한 전략들을 가진 업체들이 과연 얼마나 성공하고 실패했는지, 그리고 그 이유가 무엇이었는지에 대해 보다 구체적이고, 세부적으로 분석할 필요가 있다.

2.4 Step3. Data Analysis & Concept Proposal

시장조사된 자료를 토대로 분석한 뒤, 자신이 진행하고자 하는 프로젝트의 효과 및 시장성에 대한 분석과 검증을 통해 컨셉 제안서를 제작하는 단계이다.

해당 단계에서는 시장조사에 대한 객관적인 자료들이 한눈에 보이도록 작성 되어야 하며 장점이 부각될 수 있도록 제작되어야 한다. 또한 시장조사에 따른 프로젝트 컨셉 제안서 같은 경우 시장조사 내용, 프로젝트 개요, 프로젝트 설명, 그리고 기대효과와 같은 4가지의 요소를 기초로 하여 작성되어야 한다. 이를 통해 프로젝트 컨셉 설명에 필요한 내용에 집중하여 기술할 수 있도록 한다. 컨셉 제안서는 문서 포맷에 대한 제약은 없으며 표현 방식도 자유롭게 제작할 수 있다.

프로젝트에 대한 시장조사 내용은 조사한 과정보다는 조사한 결과로 나온 도출값을 중심으로 작성하며 프로젝트 개요는 프로젝트 제목, 종류, 타겟(대상) 등 외부적인 내용에 대해 간단하게 한 페이지 내외로 기술한다. 프로젝트 설명에서는 프로젝트 구성된 내용에 대해 설명을 하는 구간으로 상세한 내용 보다는 구성에 대한 간략한 내용을 기술하되 구성을 한눈에 볼 수 있도록 하며 중요한 내용에 조금 더 집중 될 수 있도록 표현한다. 마지막에는 기대효과에 대한 기술을 하여 해당 프로젝트로 인하여 생기는 효과가 표현되도록 한다.

2.5 Step4. Development Schedule

첫 번째 개발 일정은 개발 환경과 프로젝트 특성을 고려하여 작성해야한다. 대부분의 프로젝트의 경우 간트 차트를 이용하여 개발 일정에 대한 계획을 작성하고 진행 중 실제 진행 과정에 대해서도 작성할 수 있도록 한다.

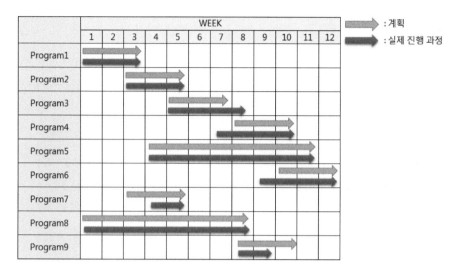

[그림 2] 간트 차트를 이용한 개발 일정

두 번째 개발비용 계획은 실제 프로젝트에서 가장 중요한 부분이며 컨셉(사업)계획서에서 필수로 들어가야 하는 요소로 비용에 대한 산정방법으로는 다양한 방법이 존재한다.

첫 번째 방법은 소프트웨어 개발규모를 FP(Function Point)로 측정하고 여기에 기능점수 당 단가를 곱하여 개발비용을 산출한 내역서를 작성하는 방법이다. 현재는 대부분의 경우 FP에 의한 산출내역서 작성을 원칙으로 하고 사업의 특성 등을 고려하여 발주자의 판단에 의해 투입공수에 의한 방식을 적용할 수 있다.

소프트웨어 개발비 산정방법	특징	산정 방법
기능점수(FP) 방식	소프트웨어 개발 규모와 기능점수당 단가를 곱하여 소프트웨어 개발비를 산정함	(기능점수*기능점수단가*보정계수)+직접경비+이윤
투입공수에 의한 방식	과거의 유사 소프트웨어 개발사업의 투입인력 정도를 기초로 한 경험적 판단에 의해 사업대가를 산정하는 방식으로, 기능점수방식의 적용이 곤란한 특정사업유형에 한하여 적용가능	(투입인력수*투입기간*기술자등급별단가)+제경비+기술료+직접경비

기능점수(FP, Function Point)란 사용자관점에서 측정된 소프트웨어 기능의 양으로서 사용자에게 제공하는 소프트웨어 기능의 규모를 측정하는 단위이며, 기능점수 방식은 사용자 관점에서의 요구 기능을 정량적으로 산정하여 소프트웨어 규모를 측정하고 이를 바탕으로 소프트웨어 개발과 유지관리를 위한 비용과 자원소요를 산정하는 방식이다.

기능점수 방식에 의한 소프트웨어 개발비는 크게 개발원가, 직접경비, 그리고 이윤 세 부문으로 구성되며, 이에 대한 산출방식은 아래의 그림과 같다.

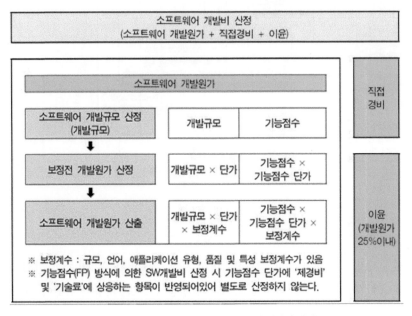

[그림 3] 기능 점수에 의한 소프트웨어 개발비 산정

기능점수 방식에는 크게 정통법과 평균 복잡도를 적용한 간이법이 있다. 간이법의 경우에는 사업시작 전 사업의 규모를 가늠하기 위해 사용되며, 정통법의 경우 사업수행 완료 후 정확한 기능점수 산정을 필요로 할 때 사용된다. 투입공수에 의한 SW 개발비 산정방식은 통상적으로 말하는 M/M(Man-Months) 방식을 말하며 이 방식은 엔지니어링 사업대가의 기준을 적용하여 SW 개발비를 산정하는 방식이다. 이 때 투입인력의 인건비는 한국 소프트웨어산업협회가 공표하는 소프트웨어 기술자 노임단가를 적용한다. 공수에 의한 SW 개발비 산정방식은 아래와 같다.

소프트웨어 개발비 = 직접인건비 + 제경비 + 기술료 + 직접경비

 - 직접인건비 = 투입인력 소요공수 × 노임단가
 - 제경비 = 직접인건비의 110 ~ 120%
 - 기술료 = (직접인건비 + 제경비)의 20 ~ 40%
 - 직접경비 = 해당 소프트웨어 개발사업에 소요되는 직접적인 경비

비용계획에 대한 인건비 책정과 같은 경우는 아래의 그림처럼 자세하게 적을수록 좋다.

분류	항목	인원	예산	1	2	3	4	5	6	교급	8	9 CBT1	11	12 CBT2	2	3	4	5 CBT
인건비 / 기획	프로듀서 .CCO	1	600	600	600	600	600	600	600	600	600	600	600	600	600	600	600	600	600
	기획 PM	1	220	220	220	220	220	220	220	220	200	200	200	200	200	200	200	200	200
	시스템기획	1	300	300	300	300	300	300	300	300	300	300	300	300	300	300	300	300	300
	밸런스기획	1	240	-	-	-	240	240	240	240	240	240	240	240	240	240	240	240	240
	시나리오기획	1	300	-	300	300	300	300	300	300	300	300	300	300	300	300	300	300	300
	월드 및 아이템기획	1	220	-	-	-	220	220	220	220	200	200	200	200	200	200	200	200	200
	계	6	-	1420	1420	1420	1880	1880	1880	1880	1880	1880	1880	1880	1880	1880	1880	1880	1880
프로그램	서버 메인	1	420	420	420	420	420	420	420	420	420	420	420	420	420	420	420	420	420
	서버 서브	1	260	-	-	-	-	-	260	260	260	260	260	260	260	260	260	260	260
	클라이언트 메인	1	420	420	420	420	420	420	420	420	420	420	420	420	420	420	420	420	420
	클라이언트 서브	4	1320	-	-	440	440	440	660	660	660	660	660	880	880	880	1320	1320	1320	1320
	게임툴	1	440	-	-	-	-	-	-	440	440	440	440	440	440	440	440	440	440
	계	11	-	840	840	1280	1280	1280	1760	2200	2200	2200	2200	2200	2200	2200	2200	2200	2200
그래픽	캐릭터 원화 메인	1	300	300	300	300	300	300	300	300	300	300	300	300	300	300	300	300	300
	캐릭터 원화 서브	1	180	-	-	-	-	-	-	180	180	180	180	180	180	180	180	180	180
	아이템 및 2D 디자이너	1	200	-	-	200	200	200	200	200	200	200	200	200	200	200	200	200	200
	배경 원화 메인	1	280	280	280	280	280	280	280	280	280	280	280	280	280	280	280	280	280
	배경 원화 서브	2	400	-	-	200	200	200	200	400	400	400	400	400	400	400	400	400	400
	캐릭터 모델링 메인	1	320	320	320	320	320	320	320	320	320	320	320	320	320	320	320	320	320
	캐릭터 모델링 서브	2	480	480	480	480	480	480	480	480	480	480	480	480	480	480	480	480	480
	배경 모델링 메인	1	260	260	260	260	260	260	260	260	260	260	260	260	260	260	260	260	260
	배경 모델링 서브	2	720	180	180	180	360	360	360	540	540	540	720	720	720	720	720	720	720
	몬스터 모델링 메인	1	220	220	220	220	220	220	220	220	220	220	220	220	220	220	220	220	220
	몬스터 모델링 서브	1	180	180	180	180	180	180	180	180	180	180	180	180	180	180	180	180	180
	키애니메이션 메인	1	280	280	280	280	280	280	280	280	280	280	280	280	280	280	280	280	280
	키애니메이션 서브	1	400	-	-	200	200	200	200	400	400	400	400	400	400	400	400	400	400
	이펙트 메인	1	300	-	-	-	300	300	300	300	300	300	300	300	300	300	300	300	300
	이펙트 서브									480	480	480	480	480	480	480	480	480	480
	계	22	-	2500	2500	2500	3280	3580	3680	3940	4820	4820	4820	5000	5000	5000	5000	5000	5000	5000
	인력 증가	39																	
	개발월건비 총합		142490							429420			2670			2794			4640

[그림 4] 비용 계획에 대한 인건비 책정

2.6 Step5. Report

마지막 단계에서는 진행 중인 과정에 대해 보고서를 작성하고 최종적으로 완성되거나 프로토타입 단계의 완성작품을 가지고 프로젝트 제안서를 작성한다.. Step5에서는 Step3에서 적었던 컨셉 제안서보다 심층적으로 제안하는 내용이 들어가야 하며 Step4에서 사용했던 개발 일정에 대한 부분과 프로젝트에 대한 구체적인 효과와 기능성에 대해 어필 할 수 있어야 한다. 프로젝트 제안서는 컨셉 제안서와 같이 포멧의 제안은 없지만 파워포인트 사용을 권장하며 표현의 방식에는 제한이 없다. 만약 제안서를 제출하는 제출지에서 표현방식에 대한 조건이 있다면 제안서 작성 유의사항을 숙지하여 양식을 작성하도록 한다. 제안서 작성 시 공통적으로 주의해야할 사항들이 많이 있지만 작성 시 기본적으로 주의해야 할 사항을 나열하면 아래와 같다.

(1) 고객에게 꿈을 갖게 하는 기획제안서 작성

기획제안서는 드라마로 치면 시나리오이다. 따라서 기획제안서에는 꿈이나 즐거움 등 고객의 흥미를 끌만한 내용이 담겨져 있어야 하고, 스토리가 단순하고 명쾌해야 한다. 즉 금전적으로 이익을 얻느냐의 여부가 큰 문제이지만, 그 이전에 고객에게 꿈을 갖게 하는 것도 기획제안서를 작성하는 데 있어서 중요한 요소이다. 상품기획을 위해서 시장조사가 중요한 것과 마찬가지로 고객에 대한 히어링이 기획제안서를 작성하는 것 이상으로 중요하다. 그리고 기획제안을 하기 전에 담당자가 고객의 요망사항을 끌어내어 정리해 두는 것이 중요하다.

(2) 경로 차트 작성

고객에게 기획제안서를 이해시키기 위해서는 우선 기획제안서 전체가 어떤 흐름으로 되어 있고, 어떤 절차로 이루어져 있는지를 명확히 이해할 수 있는 경로 차트를 작성해야 한다. 경로 차트 작성 시 포인트의 주가 되는 경로는 원칙적으로 위에서 아래로, 좌에서 우로의 흐름으로 묘사하고, 강조하고자 하는 경로의 화살표를 크고 굵게 하는 것이다.

(3) 그래프화

수치적인 것, 특히 비율이나 경향을 설명하는 경우에는 고객이 이해하기 쉽도록 가능한 그래프화 해야 한다. 그래프의 종류는 다양하므로 어떤 그래프가 가장 설명하기 쉬운 것인가를 항상 생각해 두어야 한다.

(4) 그림이나 도표를 사용하여 표현방법 고안

수치나 방법 등은 가능한 시각적으로 표현해야 한다. 특히 수치가 많은 것이나 방법이 뒤얽혀 있는 것, 기능이 복잡한 것을 설명할 때는 그림이나 도표로 치환할 수 있는지를 검토할 필요가 있다. 그러나 외국인에게 프리젠테이션 하는 경우에는 지적수준이 낮은 것으로 간주될 수도 있으므로 주의하는 것이 좋다.

(5) 신문이나 잡지의 사진 사용

그림이나 말로 표현할 수 없는 이미지는 다른 실제 시설에서 이미지가 맞는 것이 있을 경우, 그 사진 등을 사용하여 공통의 이미지를 갖도록 하면 좋다. 잡지의 그라비어나 사진집 등을 평상시부터 수집해 두는 것이 필요하다. 또한 사회현상이나 신산업 등의 뉴스 기사도 오려내어 보관해 두었다가 필요할 때 사용하면 그 현상 자체가 현실인 만큼 설득력이 있다.

(6) 각 항목의 포인트는 3가지로 집약

각 항목의 포인트는 3가지 정도로 좁히기 바란다. 기획제안서를 보는 입장에서 1가지 일에 대해 한 번에 기억할 수 있는 것은 3가지 정도로, 그 이상이 되면 기억이 흐려지므로 너무 많은 특징을 설명하는 것은 좋은 방법이라고 할 수 없다. 왕관 속의 3개의 진주 보다 모래사장 위의 3개의 진주 쪽이 훨씬 아름답다는 비유가 기획제안서에도 해당된다 고 할 수 있을 것이다.

(7) 각 항목의 끝에는 "정리"

기획제안서에서 자주 눈에 띄는 것은 "조사를 했습니다." 그리고 "그 결과는 이렇습니다." 라는 식으로, 결국 그래서 무엇인가? 하는 가장 중요한 부분이 애매한 채로 "이번에 이러한 제안을 했습니다."라고 결과만이 제시된다. 한국인은 detail이 뛰어난 데 반에 summary가 약하다고 한다. 조사 자료가 많은데 비해 그에 대한 정리가 약한 것이다. 그 것을 피하기 위해서는 각 항목의 끝에 "정리"를 반드시 쓰도록 한다. "정리"만을 통독하 고 전체를 이해할 수 있도록 하는 것이 좋다. 이렇게 하면 기획제안서를 정리하는 능력 을 향상시키는 데에 도움이 된다.

(8) 여백의 필요

문자가 꽉 채워진 10페이지보다 각 페이지가 깔끔하게 정돈되고 여백도 충분히 있는 30페이지 쪽이 인상이 좋다. 따라서 항목이 바뀔 때마다 여백이 있었다 해도 페이지를 바꿔주기 바란다. 기획제안서를 제출하는 단계는 실행서가 아니므로 변경이나 부가해야 할 요소가 여전히 많다. 자칫하면 제안자 측의 생각이 중심이 되어 사업자 측의 생각을 충분히 반영하지 못하는 경우가 많을 수가 있다. 그런 점에서 여백을 만들어 사업자 측의 생각을 부가할 수 있도록 하는 편이 좋다.

⑼ 쉬운 표현 사용

기획내용에 따라 다르겠지만, 하나를 설명하기 위해서 딱딱한 문장은 되도록 피하기 바란다. 왜냐하면 기획제안의 단계에서는 읽는 사람에게 기획내용을 이해시키는 것보다 우선 이미지를 갖도록 하는 것이 중요하기 때문이다. 따라서 기획 제안한 건축물에 대해서도 이미지 상 포착하기 쉬운 표현을 쓰는 것이 좋다.

⑽ 이미지의 통일

기획제안서는 일반적으로 수십페이지에 이르는 경우가 많다. 그런 경우 가장 주의해야 할 점이 이미지 통일이다. 각 포인트에 대해 다양하게 고안하여 작성했더라도 전체적으로 봤을 때, 통일된 이미지로 만들어져 있지 않다면 효과는 반감되어 버린다. 우선, 배치(layout)를 통일해야 한다. 심볼 마크나 아름답게 디자인된 서체로 번호를 매기는 것도 효과적이다. 즉 기획제안서를 쭉 넘겨봤을 때, 전체가 유기적으로 결합되어 있는 것처럼 보이는 것이 좋다. 그렇게 함으로써 보기 쉽고 읽기 쉬운, 즉 이해되기 쉬우면서 이미지화되어 인상에 남는 기획제안서가 된다.

연습문제

1. 캡스톤 디자인 진행방법은 크게 Group-Research-Data Analysis and Concept Proposal-Development Schedule-Report로 나뉜다. 이중 시간을 제일 많이 투자해야하는 절차는 무엇인가?

2. 시장조사의 필요성에 대하여 설명하여라.

3. 단가산정에는 기능점수 방식과 투입공수에 의한 방식이 있다. 여기에서 기능점수란 무엇을 말하는가?

4. 프로젝트 제안서와 컨셉 제안서와의 차이점은 무엇인가?

CHAPTER **3**

프로젝트 계획서

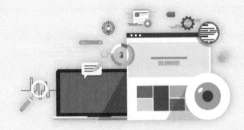

학습목표

- 프로젝트 계획서의 개념
- 프로젝트 계획서 작성요령
- 프로젝트 계획서 내용구성

프로젝트 계획서란 프로젝트에서 누가 무엇을 언제까지 어디에 어떻게 왜 하고자 하는 지에 대한 설명을 기술한 문서이다. 그래서 이 문서는 목표와 범위가 명확해야 하며 실현 가능해야 한다. 또한 현업에서 사업계획서라고도 하는 이 문서는 개요, 개발내용, 프로젝트 관리, 사업화 등으로 나누어서 구성하는 것이 좋다. 그렇다면 어떻게 작성하면 좋을지 알아보도록 하자.

3.1 프로젝트 계획서 작성요령

① 주제 선정에 많은 노력을 들이자.

우리 팀은 무엇으로 정할까? 팀 구성원들의 의견을 모으는 것도 물론 중요하다. 하지만 그에 앞서 체계적인 자료 분석이 필요하다. 여기서 분석해야 할 부분은 우선 기술 트랜드이다. 최근 화두로 거론되고 있는 기술 및 관련기술을 이용하여 만들 수 있는 것이 무엇인지 검토하는 것이 좋다. 두 번 째로 사회 이슈에 대해서 해결 방안이 될 수 있는 주제도 좋다. 마지막으로 사업성이 있는 주제가 가장 좋은데 이를 위해서 해당하는 시장조사도 많이 하는 것이 좋다.

② 최종 구현해야 할 결과물이 기술적으로 가능한지 검토하자.

아무리 주제가 좋더라도 최종 구현해야 할 결과물을 만들어내지 못하면 결국 프로젝트는 실패로 끝난다. 그래서 구현을 위한 대표적인 요소기술들과 관련 오픈소스 등을 체크하고 우리 팀이 정말 최종 목표대로 만들 수 있는지 다시 한번 검토한다.

③ 문서 앞부분에 하고자 하는 것이 무엇인지 개념도를 그리자.

계획서 문서는 주로 평가하는 사람이 볼 가능성이 크므로 문서의 첫 이미지가 중요하다. 그렇기 때문에 앞부분에 개념도가 들어가서 무엇을 하고자 하는 프로젝트 인지 파악이 쉽게 되어야 그 다음 내용도 이해하기가 쉬워지고 평가를 잘 받기에 유리하다. 그래서 개념도는 최대한 성의있게 작성하고 전체 업무가 한눈에 들어올 수 있도록 요약해서 표현하며 쉽게 이해할 수 있도록 그려야 한다.

④ 개발 목표와 범위를 명확하게 하자.

최종 목표시스템의 기획이 완료가 되면 개발목표를 세부적으로 잡아야 한다. 이때 기술세부 검토는 물론 개발범위를 명확하게 해야 한다. 확실하게 내세울 수 있는 핵심적인 기술 및 기능을 포인트로 잡되 지나치게 많은 양의 개발범위를 잡는 욕심을 부려서도 안 된다. 프로젝트에서는 결과물의 품질과 일정 두 가지를 동시에 고려해야 하기 때문이다. 또한 세부개발 목표와 기능이 정의가 되면 그것을 구현할 최적의 업무담당자를 정해서 역할 분담을 확실히 해 둬야 한다. 그리고 프로젝트를 진행할 때 개발일정 및 이슈사항을 수시로 점검하자.

⑤ 사업화 전략을 구상하자.

프로젝트를 통해 구현할 결과물의 기술적 완성도도 물론 중요하지만 사업화 가능성을 항상 고려하고 진행하는 것이 좋다.

사업화를 고려하고 진행하면 목표가 더욱 명확해지고 이 프로젝트를 왜 해야 하는지 당위성도 생기기 때문이다. 또한 사업화 관점에서 진행하다 보면 서비스를 어떻게 할지 설계도 구체적으로 하게 되고 고객의 입장에서 보다 편리한 기능도 생각하게 된다.

그리고 현재 프로젝트에서 구현할 부분과 앞으로 해야 할 발전방향을 계획해서 단계적으로 추진할 수 있는 기술 및 사업화 전략의 로드맵을 제시할 수 있도록 구상하자.

3.2 프로젝트 계획서 내용구성

(1) 개요

개요 부분에서는 프로젝트에서 무엇을 할 건지에 대한 간단한 설명과 이 프로젝트를 추진하게 된 배경 및 목적 그리고 프로젝트를 완료했을 때 얻어지는 기대효과를 작성한다. 앞서 설명한 것처럼 개요에는 개념도를 그리고 그것을 중심으로 설명을 해 나간다. 또한 기대효과에는 기술적, 산업적, 그리고 경제적으로 어떠한 유익이 있는지 설명을 하면 좋다.

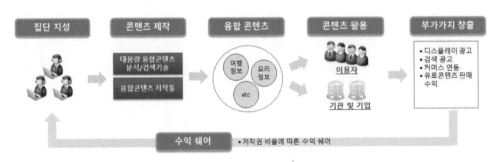

[그림 1] 개념도 예시

(2) 개발내용

■ 목표시스템 구성

최종 구현되어 질 시스템으로 각 세부시스템 구성 및 사용자 등으로 표현한다.

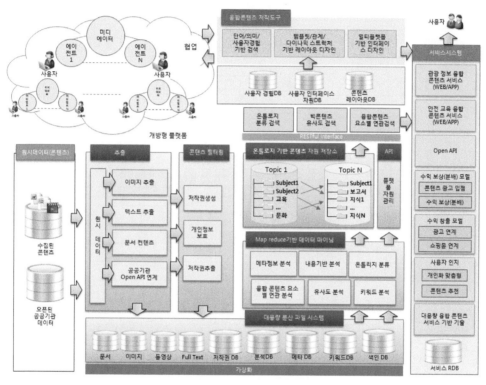

[그림 2] 목표시스템 구성 예시

■ 기능분해

기능분해는 분석과 설계에 있어서 가장 기초가 되는 산출물로 시스템별로 기능별 및 단계적으로 표현한다. 또한 프로젝트의 개발 범위가 되므로 빠지지 않게 꼼꼼하게 작성한다.

level 1	level 2	level 3	level 4
융합 콘텐츠 플랫폼	플랫폼 자원관리	콘텐츠 저장소 제어	저장소 추가
			저장소 수정
			저장소 삭제
		콘텐츠 저장소 상태 모니터링	
	빅콘텐츠 저장소	콘텐츠 분할	
		콘텐츠 저장	
		콘텐츠 전송	
		콘텐츠 병합	
	콘텐츠 저작권 생성	동영상 키프레임 생성	
		워터마크 생성	
	콘텐츠 저작권 추출	워터마크 추출	
	개인정보 검출	얼굴영역 검출	
		문자영역 검출	
	개인정보 보호	개인정보 제거	
	콘텐츠 요소 추출	문서 텍스트/이미지 추출	
		동영상 키프레임 추출	
	콘텐츠 분석	텍스트 분석	형태소 분석
			불용어/무의어 제거
			단어 빈도수 분석
			키워드 추출
			키워드 관련어 생성
			관련도 분석
		영상 분석(이미지)	좌우반전 분석
			화질저하 분석
			회전 분석
			색상변환 분석
			관심영역 분리
		영상 분석(동영상)	동일프레임 분석
			관심영역 추적
	콘텐츠 검색	콘텐츠 연관 검색	연관검색(텍스트)
			연관검색(이미지)
			연관검색(동영상)
			전략적 연결 검색

[그림 3] 기능 분해도 예시

■ 프로세스

프로세스는 업무적 및 시스템적으로 흐름을 표현한다. 그리고 전체시스템의 프로세스, 각 세부시스템별 프로세스, 그리고 서비스 중심 프로세스 등으로 나눌 수 있다.

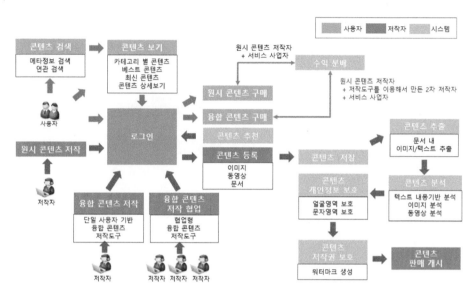

[그림 4] 서비스 흐름도 예시

■ 아키텍처

아키텍처는 시스템의 구조를 설명하는 것으로 각 세부 시스템과의 유기적인 연계 및 서버와 서버/클라이언트 간에 통신방법 등을 표현한다.

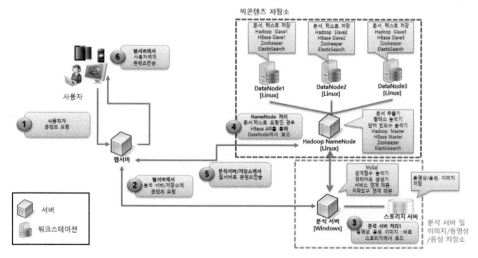

[그림 5] 아키텍처 설계서 예시

■ 화면구성

프로젝트 계획 당시에는 완성된 결과물이 없는 상태이므로 이해를 도울 정도의 프로토타입으로 표현하는 것이 좋고 나중에 결과물이 완성이 되면 결과물 사진을 결과보고서에 반드시 넣자.

[그림 6] 화면구성 예시

■ 사용기술

사용기술을 표현할 때는 개발할 프로그래밍 언어, 사용할 OS 및 DataBase, 기타 필요한 엔진, 그리고 오픈소스 등을 적고 세부 기능별 기술요소를 적으면 좋다.

- 프로그래밍언어 : JAVA, C, C++
- OS : 리눅스, 안드로이드, IOS
- DataBase : MySQL, Hbase
- 기타 : Hadoop, ElasticSearch

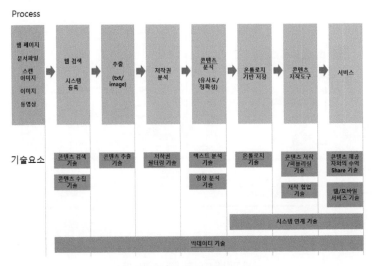

[그림 7] 세부 사용 기술 요소 예시

(3) 프로젝트 관리

프로젝트 관리에는 일정관리, 범위관리, 원가관리, 품질관리, 인적자원관리, 의사소통관리, 위험관리 등 관리해야 할 요소가 많이 있다.

그 중 여기에서는 일정관리 즉 일정 및 업무분장에 대해서만 다뤄보도록 한다. 우선 업무분장은 팀 구성원의 담당업무를 개발업무 중 대분류 위주의 내용으로 간단하게 작성한다.

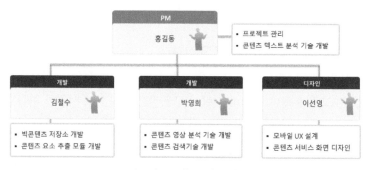

[그림 8] 업무분장 예시

다음으로 개발일정이다. 개발일정은 기능분해 한 개발업무를 중심으로 일정을 주단위로 표시하고 반드시 업무담당자를 적는다.

PM 역할을 맡은 구성원은 매주 2번 이상의 팀 회의를 하여 계획대비 실적을 체크하고 이슈사항을 점검한다.

개발업무			2월				3월				4월					5월				6월				담당자
			6	13	17	27	6	13	20	27	3	10	17	24	30	8	15	22	29	5	12	19	26	
시스템 분석/설계																								
빅콘텐츠 저장소	콘텐츠 분할																							
	콘텐츠 저장																							
	콘텐츠 전송																							
	콘텐츠 병합																							
콘텐츠 요소 추출	문서 텍스트/이미지 추출																							
콘텐츠 분석	텍스트 분석	형태소 분석																						
		불용어/무의어 제거																						
		단어 빈도수 분석																						
		키워드 추출																						
		키워드 관련어 생성																						
		관련도 분석																						
	영상 분석(이미지)	좌우반전 분석																						
		화질저하 분석																						
		회전 분석																						
		색상변환 분석																						
		관심영역 분리																						
콘텐츠 검색	콘텐츠 연관 검색	연관검색(텍스트)																						
		연관검색(이미지)																						
		연관검색(동영상)																						
		전략적 연결 검색																						
테스트																								

[그림 9] 개발일정 예시

(4) 사업화

사업화에 대해 기술할 때는 다음과 같이 7가지의 중요한 주제에 대해 설명하도록 한다.

① 서비스 타겟을 정하라

사업화를 할 때 가장 먼저 고려해야 할 부분은 서비스 타겟을 정하는 것이다. 남성/여성을 대상으로 할 것인지, 어린이/성인/노인을 대상으로 할 것인지 또는 직업군, 자산수준, 취미, 동문 등 우리가 사업화할 대상을 구체적으로 설정한다.

② 타겟 사용자의 요구사항(needs)을 분석하라

타겟을 정했다면 타겟 사용자가 무엇을 원하는지 또는 무엇이 필요한지 조사할 필요가 있다. 그렇게 해야 사업의 전략이 구체적으로 나오고 성공할 확률도 높아진다.

③ 경쟁자를 분석하라

서비스 타겟과 타겟 사용자의 니드를 분석했다면 그 다음에는 경쟁자를 분석해야 한다. 경쟁자에 비해 우리 제품(서비스)이 무엇이 더 나은 지를 철저하게 분석하자. 예를 들면 기능, 성능, 디자인, 가격 등 어떤 경쟁력이 있는지 확인하고 이를 개선하자.

④ 비즈니스 모델을 만들어라

비즈니스 모델이란 돈을 벌 수 있는 즉 수익을 낼 수 있는 형태 및 방법을 말한다. 예를 들어 광고, 콘텐츠판매 수수료, 템플릿 및 아이템 판매, 사용자 입점 사용료 등을 말한다.

⑤ 로드맵을 세워라

로드맵이란 사업을 시작해서 목표를 세우고 단계적으로 발전해 나가는 전략을 말한다. 보통 연단위로 전략을 세우는 경우가 많고 전략은 기술개선, 사용자확보, 콘텐츠확보, 조직, 매출증대, 투자유치 등이 있다.

⑥ 예상매출을 작성하라

비즈니스 모델 항목별, 기간별로 예상매출을 작성하자. 이를 통해 기대수익을 예상해 보고 목표를 도달하기 위해서 어떻게 해야 하는지 구체적인 계획이 서게 된다.

⑦ 적극적으로 홍보하라

하고자 하는 사업 즉 제품(서비스)에 대한 마케팅 전략이다. 제품(서비스) 인지도 확보를 위한 광고, SNS를 활용한 마케팅 및 프로모션, 사용자 로열티(Loyalty) 확보를 위한 전략 등 많은 방법이 있다.

연습문제

1. 프로젝트 개념도를 사용할 때의 장점에 대하여 설명하여라.

2. 도서관 관리 시스템의 기능분해도를 작성하여라.

3. 아키텍처는 시스템의 구조를 설명하는 그림인데 어떻게 작성해야하는지 설명하여라.

4. 비즈니스 모델은 무엇을 말하는지 설명하여라.

CHAPTER **4**

제안 발표 자료

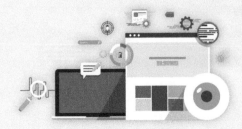

학습목표

- 제안 발표 자료의 개념
- 제안 발표 자료 작성요령
- 제안 발표 자료 내용구성

제안 발표 자료란 프로젝트 계획서에 기술한 내용을 요약하고, 평가자에게 우리 팀의 프로젝트 또는 프로젝트를 통한 결과물이 필요성, 기술혁신성, 사업성이 있다는 것을 표현한 문서이다. 그래서 주장하고자 하는 특징 및 장점을 시각적으로 잘 표현해야 한다. 또한 이 문서는 개요 및 필요성, 개발내용 및 기술혁신성, 추진방법 및 사업화 등으로 나누어서 구성하는 것이 좋다. 그렇다면 어떻게 작성하면 좋을지 알아보도록 하자.

4.1 제안 전략

① 하고자 하는 것이 무엇인지 간단하고 명확하게 표현하자.

제안 발표 자료 첫 페이지에 나오는 개요에 해당하며 이 페이지에서 하고자 하는 것이 무엇인지 평가자가 이해할 수 있도록 간단하고 명확한 문구와 개념도로 표현하자.

② **최종 구현될 제품(서비스)의 필요성을 강조하자.**

아무리 완성도가 있는 제품이라도 어느 누구에게도 필요성이 없다면 그 제품은 큰 의미가 없을 것이다. 다시 말하면 우리 팀에서 만들 제품이 필요성이 있어야 가치가 있고 상품성 즉 사업화가 가능할 것이다.

③ 기술의 혁신성 및 우수성을 강조하자.

최종 구현될 제품(서비스)을 구성하는 기술 중 기존 기술을 이용해도 좋지만 기존 기술에서 개선을 하여 성능이 좋아지거나 특화된 우리 팀만의 우수기술로 개발을 하였다면 특허출원도 가능하고 큰 시장 경쟁력을 가질 수 있다.

④ 사업성이 있다는 것을 강조하자.

우리가 만들 제품(서비스)이 시장에서 필요성이 있고 기술 우수성도 있는데 사업성까지 있다면 정말 최상이다. 사업성이 있다는 것은 정확한 타겟 고객이 있고 해당 타겟 고객의 필요성이 분명하며 경쟁자 대비 우수하고 비즈니스 모델이 잘 갖추어 진 것을 말한다. 결론적으로 기획 단계부터 사업화를 고려하여 많은 분석을 통해 상품성을 높이고 제안 발표 자료 작성 시 사업성이 있다는 것을 강조하자.

4.2 장표구성 및 분량

우선 제안 발표자료의 분량은 1분당 1페이지에서 1.5페이지 정도가 적당하다. 다시 말하면 3분 PT 3~4장, 5분 PT 5~7장, 10분 PT 10~15장, 20분 PT 20~30장 정도이다. 그리고 장표구성은 다음과 같다.

(1) 개요 및 필요성

개요 부분에서는 프로젝트에서 무엇을 할 건지에 대한 간단한 설명과 개념도를 그리고 이 프로젝트를 추진하게 된 배경 및 필요성을 작성한다. 또한 프로젝트를 완료했을 때 얻어지는 기대효과를 작성하면 좋다.

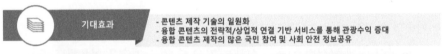

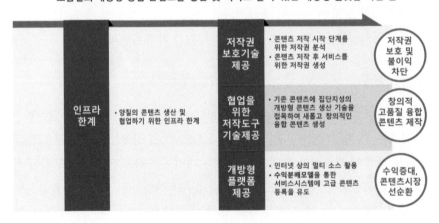

[그림 1] 필요성 및 기대효과 예시

(2) 개발내용 및 기술 혁신성

프로젝트에서 개발할 내용 중 대표적인 부분을 표현하고 설명한다. 각 모듈별 프로세스를 그리고 부분 시스템별 특징을 적어주면 좋다.

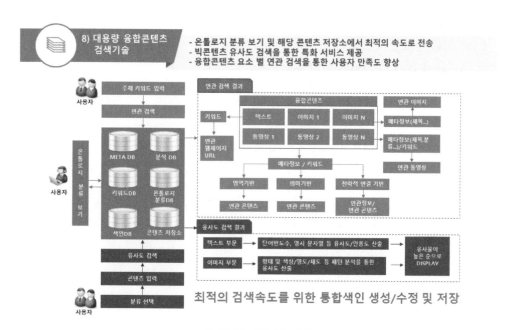

[그림 2] 개발내용 예시

최종 구현될 제품(서비스)을 구성하는 기술 중 기존 기술을 이용해도 좋지만 기존 기술에서 개선을 하여 성능이 좋아지거나 특화된 우리 팀만의 우수기술로 개발을 하였다면 강조하여 표현하자.

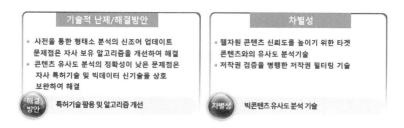

[그림 3] 기술 차별성 예시

현재의 기술 수준을 분석하고 기술적 해결방안 및 우리 팀만의 차별성을 찾아서 기술의 혁신성 및 우수성을 강조하자.

그리고 우수한 기술은 반드시 특허와 연결지어 출원할 수 있도록 준비하자.

(3) 추진방법 및 사업화

추진방법은 팀 구성 및 업무분장 그리고 협업할 대상이 있다면 표현하자.

PT의 모든 장표가 중요하지만 특히 더 중요한 부분은 사업화이다. 사업성이 있는 기술을 개발해야 보다 더 가치가 있기 때문이다.

우선 서비스 타겟을 정하고 타겟 사용자의 요구사항(needs)을 분석하라.

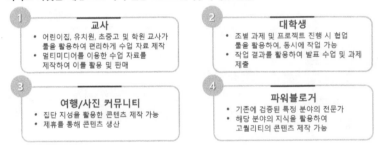

[그림 4] 서비스 타겟 예시

그리고 경쟁자를 분석하고 비즈니스 모델을 만들어라.

[그림 5] 비즈니스 모델 예시

예상 매출도 고려하고 단계별 로드맵 및 홍보계획도 세우면 좋다.

연습문제

1. 제안서 발표자료의 장표는 어느 정도 분량이 적당한가?

2. 개발내용 작성시 중요하게 고려하여할 사항은 무엇인가?

3. 사업화시 중요하게 고려하여야 할 사항은 무엇인가?

4. 도서관 관리 시스템의 비즈니스 모델을 작성하여라.

CHAPTER **5**

결과 보고서

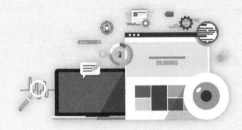

학습목표

- 결과보고서 작성요령
- 결과보고서 내용구성

프로젝트 개발부분이 마무리가 되었다면 결과보고서를 작성해야 한다. 고생해서 만들었던 부분인 만큼 정성들여 작성하고 잘 한 부분은 강조하여 표현하자.

5.1 결과보고서 작성요령

결과보고서 작성 시 공통적으로 주의해야 할 사항들이 많이 있지만 작성 시 기본적으로 주의해야 할 사항을 나열하면 아래와 같다.

① 프로젝트 전체 내용 및 구현 결과물에 대한 특징/장점 기술

프로젝트 개발부분이 마무리가 되고 쓰는 보고서로 좋은 평가를 받기 위해서는 개요, 필요성, 개발부문, 테스트, 기대효과 등 최종 결과물에 대한 설명들을 명확하고 이해하기 쉽게 쓰며 실제 결과물에 대한 사진을 포함하여 작성 한다.특히 구현 결과물에 대한 특징/장점을 기술하는 것이 좋다.

② 그래프화

수치적인 것, 특히 비율이나 경향을 설명하는 경우에는 보는 사람이 이해하기 쉽도록 가능한 그래프화 해야 한다. 그래프에도 여러 종류가 있으므로 어떤 그래프가 가장 설명하기 쉬운 것인가를 항상 생각해 두어야 한다.

③ 그림이나 도표를 사용하여 표현방법 고안

수치나 방법 등은 가능한 시각적으로 표현해야한다. 특히 수치가 많은 것이나 방법이 뒤얽혀 있는 것, 기능이 복잡한 것을 설명할 때는 그림이나 도표로 치환될 수 있는지를 검토할 필요가 있다.

④ 신문이나 잡지의 사진사용

그림이나 말로 표현할 수 없는 이미지는 다른 실제 시설에서 이미지가 맞는 것이 있을 경우, 그 사진 등을 사용하여 공통의 이미지를 갖도록 하면 좋다. 잡지의 그라비어나 사진집 등을 평상시부터 수집해 두는 것이다. 또한 사회현상이나 신산업 등의 뉴스 기사도 오려내어 보관해 두었다가 필요할 때 사용하면 그 현상 자체가 현실인 만큼 설득력이 있다.

⑤ 각 항목의 포인트는 세 가지로 집약

각 항목의 포인트는 세 가지로 좁히기 바란다. 결과보고서를 보는 측도 한 가지 일에 대해서 한번에 기억할 수 있는 것은 세 가지로, 그 이상이 되면 기억이 엷어지므

로 너무 많은 특징을 설명하는 것은 좋은 방법이라 할 수 없다.

⑥ 이미지의 통일

각 포인트에 대해서 다양하게 고안하여 작성했더라도 전체적으로 봤을 때, 통일된
이미지로 만들어져 있지 않다면 효과는 반감되어 버린다. 우선 배치(layout)를 통
일하는 것이다. 심볼마크나 아름답게 디자인된 서체로 번호를 매기는 것도 효과적
이다. 즉 결과보고서를 쭉 넘겨봤을 때, 전체가 유기적으로 결합되어 있는 것처럼
보이는 것이 좋다. 그렇게 함으로써 보기 쉽고 읽기 쉬운, 즉 이해되기 쉬우면서
이미지화 되어 인상에 남는 결과보고서가 된다.

다음은 ○○대학교에서 사용하는 캡스톤 디자인 결과보고서의 예이다.

5.2 결과보고서 템플릿

_____학년도 __학기
캡스톤 디자인 교과목
캡스톤 디자인 결과보고서

소 속 (전공)		
팀　　　명		
지 도 교 수		(인)
팀　　　장	학번:	이름:
팀　　　원	학번:	이름:
	학번:	이름:
	학번:	이름:
	학번:	이름:
	학번:	이름:
제 출 일 자	20　.　.	

○○대학교 공학교육센터

목 차

제 1 장 캡스톤 디자인 개요

1. 캡스톤 디자인 제목

2. 프로젝트의 개요(Abstract or Concept)

3. 프로젝트의 배경 및 필요성

제 2 장 프로젝트의 현실적 제한 조건 기술

1. 현실적 제한 조건과 이에 따른 고려 내용의 기술

제 3 장 프로젝트 구성 요소에 따른 결과 기술

◉ **프로젝트의 구성 요소 체크 항목**

1. 목표 설정

1.1 문제 해결을 위한 아이디어 및 구체적인 방법

1.2 수행목표

2. 합성

2.1 기초 조사

2.2 개념의 합성(개념 설계)

3. 분석(작품 구현 과정 중의 문제점 분석 및 해결 방법)

3.1 과제수행에 사용된 이론 및 기술의 조사 및 분석 결과

3.2 프로젝트물에 대한 분석 및 보완

4. 제작

4.1 완성품 제작 결과 (사진)

4.2 완성품 설명

4.3 작품 제작 과정 정리
4.4 작품의 특징 및 캡스톤 디자인 수행 결론
4.5 완성품의 사용 매뉴얼

5. 시험 (시험결과 기술)
5.1 최종 결과물에 대한 시험결과

6. 평가
6.1 작품의 완성도 및 기능 평가
6.2 기대효과 및 영향
6.3 작품제작 후기
6.4 팀 개요 및 역할분담
6.5 참고문헌

[첨부 1] 작품 사진(동영상) 첨부

[첨부 2] 프로젝트과정 및 결과에 대한 자기 평가서

[첨부 3] 프로그램 학습 성과 중요도 및 성취 수준

볼드체의 각장과 각절의 제목은 되도록 유지하여 주시기 바라며 그 밖의 소제목은 지도교수의 지도하에 가감 또는 조정이 가능합니다.

※본 보고서는 서술식으로 작성. 필요시 도표 및 사진 등을 사용하고 구체적으로 기술

제 1 장 캡스톤 디자인 개요

1. 캡스톤 디자인 제목

(본 과제를 알맞은 종합 설계 제목 (부제) 기입)

제목 :

(부제 :)

2. 프로젝트의 개요(Abstract or Concept)

(본 구현 과제에서 구현하고자 하는 대상의 개요와 개념을 기술)

3. 프로젝트의 배경 및 필요성

(본 과제를 실시하는 배경 및 본 과제 수행의 당위성을 기술)

제 2 장 프로젝트의 현실적 제한 조건 기술

1. 현실적 제한 조건과 이에 따른 고려 내용의 기술(필요시 자료 첨부)

(본 과제 수행함에 있어 고려할 현실적 제한조건을 기술)

현실적 제한조건		
	제한요소	고려할 내용
1. 산업표준	설계 제작품의 산업 표준 규격 참조	
2. 경제성	가능한 한 저렴한 비용과 주어진 여건 아래에서 제작	
3. 안전성	안전하게 구현	
4. 미학	가급적 공학적 실용성을 갖춘 외형 구비	
5. 사회에 미치는 영향	사회 전반에 유익한 영향을 미치는 설계 제작품 창작 및 적용 분야 명기	
6. 실행시간		
7. 파일용량		
8. 호환성		

제 3 장 프로젝트 구성 요소에 따른 결과 기술

◉ 프로젝트의 구성 요소 체크 항목

(본 과제 수행함에 있어 고려할 설계의 구성요소 기술, 필수 항목)

설계 구성요소		
	구성요소	실시여부
1. 기준 설정	- 브레인스토밍 등의 아이디어 창출 도구를 이용하여 프로젝트 목표를 설정 - 현실적인 제한 요소와 공학적인 제한 요소를 감안하여 설정	(실시 예정, 실시 완료, 미실시 등..)
2. 요구 분석	- 다양한 방법으로 자료를 수집하고, 포괄적인 문제에 대한 분석 또는 결과물에 대한 유용성 분석을 실시 - 다양한 도구를 이용하여 설계서 작성 및 주요 부분에 대한 해석 결과 제시	
3. 설계	- 프로젝트목표에 달성에 필요한 관련 기술을 조사 분석하여 제작 가능한 설계안 제시 (작품의 개념을 1차 설계함)	
4. 구현	- 공학실무에 필요한 기술 방법, 도구들을 사용하여 설계서에 따른 제작, 혹은 프로그램 작성	
5. 테스트	- 최종 결과물에 대한 시험 - 안전하고 지속적으로 구동가능한가를 테스트	
6. 평가	- 최종 시작품이 설계 가이드라인을 만족하고 결론이 일치하는지 평가하고 일치하지 않을 경우 개선 방안 고찰 - 발표 능력 평가	

1. 목표 설정
(본 과제 수행으로 얻어질 최종 결과, 습득 가능한 기술, 해결가능한 문제점 등을 구체적으로 기술)
1.1 문제 해결을 위한 아이디어 및 구체적인 방법

1.2 수행목표
(현실적인 제한 요소와 공학적인 제한 요소를 감안하여 구체적으로 기술)

2. 요구 분석(작품 구현 과정 중의 문제점 분석 및 해결 방법)
(개념설계 및 작품 구현 과정에서의 기술적인 문제 분석과 이를 해결한 방법을 공학적인 측면에서 상세히 기술)
2.1 과제수행에 사용된 이론 및 기술의 조사 및 분석 결과
2.1.1 본 과제를 수행함에 있어 활용된 수학, 기초과학
2.1.2 본 과제를 수행함에 있어 활용된 전공 이론과 정보기술
2.1.3 본 과제를 수행함에 있어 활용된 공학도구, 기술 및 장비

2.2 설계물에 대한 분석 및 보완
2.2.1 작동원리상에서 나타난 문제점 분석 및 보완
- 작품의 작동원리상의 문제점을 분석하고, 이를 해결하기 위한 방안 제시
2.2.2 구조도상에서 나타난 문제점 분석 및 보완
- 작품의 구조도상의 문제점을 분석하고, 이를 해결하기 위한 방안 제시
2.2.3 주요 기능상에서 나타난 문제점 분석 및 보완
- 작품의 주요 기능상의 문제점을 분석하고, 이를 해결하기 위한 방안 제시

3. 설계
(개념의 합성 및 개념 설계의 과정을 기술)
3.1 기초 조사
(개념 설계를 위하여 현재 국내외에서 수행 중이거나 수행된 연구 내용 혹은 개발된 사항에 대한 기초 조사 결과를 기술)

3.1.1 관련 분야의 이론 및 기술 현황 조사
3.1.2 현 상황에서의 문제점 또는 해결이 필요한 사항

3.2 개념의 합성(개념 설계)
3.2.1 작동원리
3.2.2 논리적인 구조도
　　　- 설계 도면, 사진, 그림 등으로 표현
3.2.3 주요 기능
- 작품의 주요 기능을 표현하고, 그 기능 구현에 적용된 주요 이론을 제시

4. 구현
4.1 완성품 제작 결과 (사진)
4.2 완성품 설명
　　　- 완성품에 대한 설명
4.3 작품 제작 과정 정리
　　　- 작품의 단계별 수행 업무 또는 시기별 수행업무를 정리
4.4 작품의 특징 및 종합설계 수행 결론
　　　- 작품의 독창적인 측면을 설명(차이점 비교, 특이사항 등)
4.5 완성품의 사용 매뉴얼
　　　- 완성품 작품의 사용법

5. 테스트 (시험결과 기술)
5.1 최종 결과물에 대한 시험결과
　　　- 안전하고 지속적으로 구동가능한가를 테스트한 결과

6. 평가
6.1 작품의 완성도 및 기능 평가
　　　- 3장 1절에서 설정한 목표대비 완성도를 평가하고 독창성, 기능성
　　　　등을 기술
6.2 기대효과 및 영향
6.2.1 기대효과
6.2.2 해결방안의 긍정적 및 부정적인 공학적 영향

(세계적, 경제적, 환경적, 사회적 영향)

6.3 작품제작 후기

　　- 수행 후의 느낀 점

(평생교육의 필요성, 직업적 윤리적 책임감, 국제적 협동의 필요성, 시사적 기본지식의 필요성 등에 대하여 자유롭게 기술)

6.4 팀 개요 및 역할분담

　　- 각 팀원별 역할을 기술

6.5 참고문헌

　　- 전반적인 참고문헌(논문, 도서, 신문 잡지 등의 기사, 웹사이트 등) 기술

　　- 국문 외 영문 등 전문 정보지

[첨부 1] 작품 주요 사진(동영상) 첨부

　　　- 작품을 가장 잘 나타내는 사진

　　　- 동작 중인 사진

　　　- 사진에 대한 주요 설명

[첨부 2] (첨부 2 및 첨부 3은 팀원 개인별로 작성하여 제출) 성명 :

프로그램 학습성과 수행준거 및 성취 수준 자기평가서

다음 표는 본 프로그램이 4년간의 교육과정을 통해 여러분이 달성하기를 바라는 각 항목의 학습성과 능력 수행수준을 나타낸 것입니다. 각 항목별 능력이 졸업 후 본인의 직무에서 중요할 것이라고 판단되는 정도와 졸업예정자 본인이 현재 시점까지 성취한 수준에 대해 스스로 평가하여 주기 바랍니다.(해당 점수 0 ~ 3 점)

캡스톤 디자인 평가 기준 및 채점표 (채점 기준표 참조)

학습성과	수행준거	평가 기준	미달 0점	기본 1점	양호 2점	우수 3점
PO3	컴퓨팅 분야의 문제를 정의하고 모델링할 수 있다.	- 보고서의 내용 및 결과가 과제의 목적과 부합하는가? - 작성된 보고서의 품질이 우수한가?				
PO4	컴퓨팅 분야의 문제를 해결하기 위해 최신 정보, 연구결과, 프로그래밍 언어를 포함한 적절한 도구 등을 활용할 수 있다.	- 소프트웨어기술 및 최신 기기 등을 효과적으로 활용하였는가?				
PO5	사용자 요구사항과 현실적 제한조건을 고려하여 하드웨어 또는 소프트웨어 시스템을 설계할 수 있다.	- 문제를 해결하는 과정에서 발생하는 제한조건을 명확히 이해하고 이를 기반으로 프로젝트 계획 수립 및 수행을 하였는가?				
PO6	컴퓨팅 분야의 문제를 해결하는 과정에서 팀 구성원으로서 팀 성과에 기여할 수 있다.	- 팀 과제 시 파트너십 향상을 위하여 수행한 활동 등이 적절하였는가? - 팀 과제 수행이 원활하게 이루어 졌는가?				
PO7	컴퓨터공학 전공자로서 다양한 환경에서 효과적으로 의사소통할 수 있다.	- 주어진 시간 내에 발표가 잘 이루어졌는가? - 발표 내용이 잘 전달되었는가?				

캡스톤 디자인 채점 기준표

학습 성과	수행준거	세부 평가 기준			
		미달 (0점)	기본 (1점)	양호 (2점)	우수 (3점)
PO3	컴퓨터공학 관련 자료의 문제를 정의하고, 문제를 해결할 수 있는 모델링을 정립하여 분석하고 결과를 보고할 수 있다.	컴퓨터공학분야 문제해결을 위한 모델 및 분석에 대한 지식이 있다.	컴퓨터공학분야 문제해결을 위한 모델 및 분석을 이해한다.	컴퓨터공학분야 문제해결을 위한 일부 모델을 정립하고 분석할 수 있다.	컴퓨터공학분야 문제해결을 위한 모델을 정립하고 분석하여 결과를 보고할 수 있다.
PO4	컴퓨터공학 전공자로서 요구사항을 반영하고 제한 요소 등을 고려하여 이를 만족할 수 있도록 프로젝트를 계획하고 프로그래밍 언어를 포함한 적절한 도구 등을 활용하여 이를 수행할 수 있다.	컴퓨터공학 실무에 필요한 컴퓨터소프트웨어기술에 대한 지식이 있다.	컴퓨터공학 실무에 필요한 컴퓨터소프트웨어기술 및 최신 도구에 대한 지식이 있다.	컴퓨터공학 실무에 필요한 컴퓨터소프트웨어기술, 최신 도구를 사용할 수 있고, 소프트웨어를 사용할 수 있는 경험을 하였다.	컴퓨터공학 실무에 필요한 컴퓨터소프트웨어기술, 최신 도구를 사용할 수 있고, 소프트웨어를 사용하여 공학문제를 능숙하게 해결한다.
PO5	요구사항을 반영하고 제한 요소 등을 고려하여 이를 만족할 수 있도록 하드웨어나 소프트웨어 프로젝트를 계획하고 이를 수행할 수 있다.	현실적 제약조건에 대한 지식이 있다.	현실적 제약조건에 대한 지식이 있고 프로젝트의 수행수준에 대해 알고 있다.	현실적 제약조건의 일부만 만족하고 기본지식을 반영하여 프로젝트를 계획하여 수행한다.	현실적 제약조건을 정확하게 인지하여 컴퓨터공학분야 문제해결을 위한 프로젝트를 계획하여 수행한다.
PO6	컴퓨터공학 전공자로서 팀 단위 과제 수행에서 유기적인 파트너십을 통하여 주어진 역할을 수행할 수 있다.	팀 과제 시 파트너십을 이해하였다.	팀 과제 시 파트너십 향상을 위하여 수행한 활동 등이 있다.	팀 과제 시 파트너십 향상을 위하여 수행한 활동 등이 있으며, 팀 과제가 무리 없이 잘 이루어졌다.	팀 과제 시 파트너십 향상을 위하여 수행한 활동 등이 적절하며, 팀 과제가 매우 잘 이루어졌다.
PO7	컴퓨터공학 전공자로서 공식적 대화나 회의 등 다양한 환경에서 자기 의사를 정리하여 논리정연하게 발표 및 전달할 수 있다.	발표내용에 대한 지식이 있다.	기본적인 지식전달이 가능하였다.	발표 내용이 잘 전달되기는 하였으나 주어진 시간을 초과하였다.	주어진 시간 내에 발표가 잘 이루어졌으며, 발표 내용이 잘 전달되었다.

[첨부 3] (첨부 3의 첫페이지는 학생이 작성 나머지 부분은 심사위원이 작성)

<캡스톤 설계 학습성과 평가 결과서_(졸업심사 양식)>

학과 :   성명:

(팀명 : (팀원))

캡스톤 설계 제목 :

캡스톤 작품 개요 :

작품 사진(동영상) 첨부

　　　- 작품을 가장 잘 나타내는 사진
　　　- 동작 중인 사진

[첨부 4] 종합 발표 자료(필요시)

연습문제

1. 결과보고서 작성 시 그래프를 사용함으로서의 잇점은 무엇인가?

2. 결과보고서의 이미지를 통일해야하는 이유에 대하여 설명하여라.

CHAPTER **6**

Unified Modeling Language

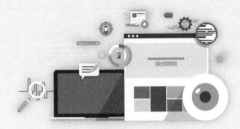

학습목표

- 소프트웨어 생명 주기의 개념 이해
- UML 개념 및 다양한 다이어그램 이해
- 요구사항 분석 단계 및 유스케이스(Use Case) 사용법 습득
- 클래스 다이어그램 및 시퀀스 다이어그램 사용법 습득
- 소프트웨어 테스팅의 중요성 및 기법 이해

6.1 소프트웨어 생명주기(Software Life Cycle)

(1) 소프트웨어 생명주기

소프트웨어 생명주기란 소프트웨어의 착상, 개발에서 사용에 이르기까지 일련의 시간적인 경과를 가리키며 소프트웨어의 규모나 소프트웨어 개발 방법론(software development methodology) 등에 의해 여러 가지 정의가 있으나 일반적으로 요구사항 분석(requirements analysis), 설계(design), 구현(implementation), 테스팅(testing), 배포(release) 또는 설치(installation), 운용(operation)과 유지 보수(maintenance) 단계로 정의된다.

소프트웨어 생명주기 모델은 소프트웨어 발전 과정의 단계와 단계들이 실행되는 과정을 기술한다. 각 단계들은 다음 단계가 요구하는 산출물을 생산한다.

요구분석 단계에서는 요구사항 수집 단계로서 사용자가 서비스 제공자에게 필요한 소프트웨어에 대한 요구사항 및 조건에 대한 협상을 하게 되며, 개발팀은 시스템에 관련된 다양한 이해당사자로부터 그들의 요구사항에 대하여 가능한 많은 정보를 이끌어 내고자 노력한다. 요구사항들은 사용자 요구사항, 시스템 요구사항, 그리고 기능적 요구사항 등이 있다. 요구사항을 수집한 후, 개발팀은 가공되지 않은 소프트웨어 개발 계획을 구상한다. 이 단계에서 개발팀은 소프트웨어가 사용자의 요구사항 충족여부와 소프트웨어 품질 개선 가능성을 분석한다. 프로젝트가 기업이 개발에 착수하기에 금전적, 실질적, 그리고 기술적으로 타당한지 등의 소프트웨어 프로젝트의 실행가능성을 판단하기 위한 다양한 알고리즘이 존재한다. 시스템 분석 단계에서 개발자들은 그들의 계획 지침을 정하고 프로젝트에 적합한 최적의 소프트웨어 모델을 찾아낸다. 시스템 분석은 소프트웨어 제품의 한계를 이해하는 것으로 시스템과 관련된 문제 또는 기존 시스템에서 바뀌어야 하는 점을 파악하고, 기업 또는 개인에 대한 프로젝트의 영향을 확인하며 개발팀은 프로젝트의 범위를 분석하고 이에 따라서 프로젝트의 스케줄과 자원을 계획한다.

소프트웨어 설계 단계에서는 요구사항에 대한 모든 지식과 분석내용을 파악하여 소프트웨어 시스템을 설계한다. 사용자들의 요구사항과 요구 수집단계에서 수집한 정보가 소프트웨어 설계단계의 입력이다. 이 단계에서 도출된 결과는 논리설계(logical design)와 물리설계(physical design) 두가지 형태로 생성된다.

구현 단계는 프로그래밍 단계로 불리며 소프트웨어 디자인의 시행은 에러없이 실행

가능한 코드로 적절한 프로그래밍 언어로 작성하는 것이다.

다음은 테스팅 단계인데, 추정치에 따르면 전체 소프트웨어 개발 절차의 절반은 테스트가 수행되어야 한다. 소프트웨어 테스팅은 단위 테스팅, 통합 테스팅, 시스템 테스팅, 그리고 사용자 인수 테스팅 등 다양한 레벨에서 테스팅이 수행된다.

설치 및 운영 단계에서는 소프트웨어를 사용자의 장치에 설치하는 단계로서 가끔은 사용자 입장에서 소프트웨어의 설치 후 환경설정이 필요하다. 이 단계에서는 소프트웨어 작동에 관해 효율을 높이고 에러 발생율을 낮추도록 한다. 필요하다면 사용자들을 교육하고 문서화된 자료로 소프트웨어가 잘 작동되도록 지원한다. 소프트웨어를 유지하기 위해, 사용자의 입장에서 코드를 즉각적으로 업데이트한다. 이 단계에서는 확인되지 않은 실무 문제들과 숨겨져 있던 버그 등의 문제가 발생할 수 있다.

(2) 소프트웨어 개발 프로세스

개발자가 소프트웨어를 개발하기 위한 전략을 선택할 수 있는데 폭포수 모델, 프로토타입 모델, 진화적 모델, 나선형 모델, V 모델, 그리고 애자일 모델 등 여러 가지 소프트웨어 개발 프로세스 모델이 있다.

폭포수 모델은 가장 단순한 소프트웨어 개발 프로세스 모델이다. 폭포수 모델은 폭포수가 흐르듯이 소프트웨어 개발 순환주기의 모든 단계들이 선형적인 단계로 시행된다. 1950년대부터 사용해온 전통적인 모델이기 때문에 사례가 풍부하고, 선형적인 특성은 관리와 전체 프로세스를 이해하기 쉽게 한다. 폭포수 모델에서는 이전 단계의 모든 계획이 완벽히 수행되었다고 가정하기 때문에 다음 단계에 발생할 과거의 문제에 대해서는 고려하지 않는다. 그래서, 폭포수 모델은 작업 단계마다 시스템이 요구조건을 만족하는지 검사하고, 이전 단계에 문제가 존재하지 않는다는 것이 확실해질 때까지 다음 단계로 넘어가지 않는다. 이 때, 시스템에 대한 과정별 요구조건을 정확히 예측하는 것이 중요하기 때문에 단계별 산출물(deliverable)을 정의하는 것이 중요하다. 하지만 단계별 산출물을 정의하는 것이 어렵기 때문에 기술적 위험이 낮고 유사 프로젝트의 경험이 있는 경우에 주로 사용한다. 폭포수 모델은 폭포수가 다시 거슬러 올라갈 수 없듯이 개발자들이 이전 단계의 작업을 취소하거나 재 작업할 수 없다. 그러나, 실제 프로젝트에서는 중복 과정이 발생하기 때문에 폭포수 모델의 흐름을 완벽하게 따르지 않는다. 이전 단계의 재검토가 불가능한 특성은 프로젝트 후반에 발생하는 문제에 대해서 대처하기 어렵다는 단점이 있다. 폭포수 모델과 고객과의 관계에서 고객의 요구사항을 명확하게 수용하는 것이

어렵고, 고객이 작동되는 소프트웨어를 받아보기까지 시간이 걸린다. 이는 폭포수 모델에서 명확한 산출물을 정의하는 것이 중요한데 모든 요구사항들을 예측 산출물에 포함시키기 어렵고, 작동 소프트웨어의 제작이 프로젝트의 후반부에 수행되기 때문이다.

프로토타입 모델은 소프트웨어 개발 도중 고객과의 소통이 부족하다는 단점을 보완하기 위한 모델이다. 프로토타입을 먼저 만들어 선보이는 방식으로 사용자의 요구사항 중 핵심 요구사항을 우선적으로 빠르게 설계(quick design) 후 제작해서 피드백을 통해 점진적으로 개발하는 방식이다. 프로토타입 모델은 핵심 요구사항을 프로토타입으로 제작하기 때문에 오류를 초기에 파악할 수 있다. 프로토타입 제작 시부터 고객의 핵심 요구사항에 집중하기 때문에 소프트웨어를 통해 고객의 요구사항을 도출하기 쉽고 시스템의 적응성이 높아지는 장점이 있다. 단점으로는, 프로토타입을 빠르게 제작하기 때문에 소프트웨어가 지나치게 간소화되고 비효율적인 알고리즘을 포함할 수 있다는 점과 점진적으로 개발할 때, 피드백을 통한 소프트웨어의 변경이 계속되면 결과적으로는 시간적, 금전적으로 손해가 발생한다는 점이다.

진화적 모델은 소프트웨어 개발을 위한 모든 과정들을 수행한 후 반복하여서 수행하는 모델이다. 이 모델에서는 소프트웨어를 매우 작은 규모로 개발하기 시작하여서 개발 과정들을 다시 반복하여 그 규모를 늘려간다. 개발 과정들을 반복할 때마다 소프트웨어 설계와 코딩, 테스트 등 추가되는 모듈들이 많아진다. 반복과정에서 개발된 소프트웨어들은 모두 구조적으로 완성되어 작동할 수 있지만 이전의 소프트웨어보다는 능력이 추가되는 것이다. 반복 과정마다, 관리팀이 위기관리(risk management)를 수행할 수 있다. 이는 반복과정이 전체 소프트웨어 절차의 일부를 포함하고 있기 때문인데 이것이 개발 과정을 관리하기 편하게 하지만 더 많은 자원을 필요로 한다. 반복과정에 고객이 개발과정에 참여하기 때문에 고객의 요구를 즉각 반영하여 개발한다. 따라서 시스템의 적응성이 높아지는 장점이 있지만 과도한 고객의 요구변화로 정확한 구조화가 어려운 단점이 있다.

나선형 모델은 프로토타입 모델과 폭포수 모델을 기반으로 하고 있다. 나선형 모델은 위험을 최소화하기 위해 점진적으로 시스템을 개발하는 모델이다. 특히 위험의 최소화에 중점을 두고 있다. 위험성 최소화에 초점을 맞추기 때문에 위험성이 큰 대규모 개발 프로젝트나 국책 사업에 적합한 모델이다. 나선형 모델은 목표설정(Planning), 위험분석(Risk Analysis), 개발 및 검증(Engineering&Test), 고객평가(Evaluation) 네 단계가 반복되면서 점진적으로 시스템의 규모를 늘려나간다. 목표설정 단계에서는 요구사항 분석 및 타당성 검토 등의 결정을 하게 된다. 반복과정이 한차례 완료되면 목표설정의 내용이 달라지게 된다. 위험분석은 고객의 요구사항을 기반으로 프로젝트 진행시 발생 될 위험을 예측하고 대처방안을 마련하는 단계이다. 이 단계의 목표는 위험을 초기에 발견하고 해결하여, 위험을 최소화하는 것이다. 개발 단계에서 목표 시스템과 개발환경에 적합한 소프트웨어개발 패러다임을 선택한다. 프로토타입 모델과 폭포수 모델 중, 사용자 인터페이스에 위험요소가 있다면 프로토타입 모델이 적합하고, 시스템의 통합에 위험요소가 있다면 폭포수 모델이 적합한 방식이다. 끝으로 개발 소프트웨어에 대해 평가한다. 나선형 모델은 개발 싸이클마다 피드백을 하기 때문에 요구사항을 파악하여 추가하기 쉽다. 하지만 프로젝트가 길어질 가능성이 크고, 싸이클이 많이 반복되면 소프트웨어를 관리하기 어려워진다.

폭포수 모델의 큰 문제점 중 하나가 이전 단계가 완료되면 이후의 단계에서 문제가 발견되어도 되돌아갈 수 없다는 것이었다. V-모델은 이를 해결하기 위해 하나의 개발 단계가 이에 대응하는 다른 테스트 단계를 설계, 수행 등의 검증을 할 수 있는 수단을 제공한다. 폭포수 모델 Validation 단계와 Verification 단계로 구성된다. Verification 단계의 요구사항 분석 단계에서 Validation 단계의 사용자 테스트에 대한 설계가 이루어지고, 같은 방식으로 시스템 테스트, 통합 테스트, 단위 테스트 단계의 설계가 각각 시스템 설계, 아키텍처 설계, 모듈 설계 단계에서 이루어진다. 폭포수 모델과 달리 각 단계의 검증이 가능하기 때문에 오류를 감소시킬 수 있다. 오류를 감소시킬 수 있기 때문에 신뢰성이 요구되는 문제에 사용되지만, 폭포수 모델과 마찬가지로 반복과정이 없어 요구사항의 변경을 반영하는 것은 어려움이 있다.

애자일 개발 프로세스는 기존의 소프트웨어 개발 방식의 대안이다. 애자일(Agile)이란 기민한 이라는 의미로서 Agile 개발을 가능하게 하는 다양한 개발 프로세스를 일컬으며 특정 개발방법론을 지칭하는 용어가 아니다. 기존의 소프트웨어 개발 모델들은 계획을 안 하거나, 지나치게 계획에 의존하였다. 때문에 예측하지 못한 미래와 형식적인 절차를 따르는 비용과 시간적인 손해를 발생했다. 애자일 방법론은 이를 해결하기 위해 기존의 문서기반 개발이 아닌 코딩을 통한 개발을 택했다. 애자일 개발 프로세스는 계획에 의존하던 기존 소프트웨어 개발 방식과는 달리 일정한 주기마다 프로토타입을 생산하여 요구사항을 더하면서 적응해 나가는 스타일의 개발 방법이다.

6.2 What is UML?

UML(Unified Modeling Language)은 일반적인 소프트웨어 개발을 위하여 소프트웨어 공학 현장에서 사용되는 모델링을 위한 언어이다. 즉, 소프트웨어 시스템의 설계를 시각화하기 위한 표준적 방법을 제시한 것이다.

객체 지향적 방법론 및 표기법 발전에 대한 역사를 간단히 살펴보면, UML은 1980년대 말 1990년대 초에 개발되어진 객체 지향적 방법론에 근원을 두고 1990년대 후반에 많은 발전을 이루었다. UML은 단일 언어로 통합되어질 수 있는 Booch 방법론, 객체 모델링 기법(OMT: Object Modeling Technique) 그리고 객체 지향적 소프트웨어 엔지니어링 (OOSE: Object Oriented Software Engineering) 등에 기초하고 있다. Rational Software Corp.은 객체지향 모델링 분야에 있어서 가장 인기를 얻고 있었던 Rumbaugh의 Object-Modeling Technique(OMT), 그리고 Grady Booch's 방법을 기반으로 하고 있는데, 1994년에 제네럴 일렉트릭으로부터 James Rumbaugh을 채용하였고, 1995년에 Rational에 합류한 Ivar Jacobson(Object-Oriented Software Engineering(OOSE) 작성자)의 지원을 받을 수 있었다.

Rumbaugh, Jacobson, 그리고 Booch 세 사람의 기술적 탁월함에 기초하여, UML Partners라는 컨소시움은 UML 명세를 완성하고, OMG(Object Management Group)에 표준화를 위한 제안하기 위하여 1996년에 조직되었다. 이 컨소시움은 이 분야에 관심을 가지고 있는 HP, DEC, IBM, 그리고 Microsoft 같은 많은 회사들의 참여를 이끌어 내었다. UML Partners 의 UML 1.0 초안 작업의 산출물이 1997년 1월에 OMG 에게 제안되었다. 또한, UML Partners는 명세작업을 확정하고 다른 표준화 노력들과의 통합을 위하여 Chris Kobryn 이 회장을 맡고 Ed Eykholt가 용어 작성 과정에서 정확한 의미를 정리하기 위한 팀을 만들어져 그 작업의 결과로서 UML 1.1이 1997년 7월에 OMG에 제출되었다. 1997년 11월에 OMG 에 의하여 채택되었으며, 이후에 태스크 포스(Task Force) 팀이 구성되어 상기 UML을 개선하기 위한 작업을 진행하여 몇 차례의 개정 증보 작업을 완성하였다.

그 이후, 여러 기능을 사용하면서 얻은 경험들을 바탕으로, UML을 개선하기 위해 구성되어진 확대 컨소시움에 의하여 UML 1.5 가 개발되어지고, 이것은 또 2005년도에 UML 2.0으로 대체되었다. 2007년에는 2.1.1 그리고 2.1.2 버전이 나왔고, 2009년에는 2.2 버전, 2010년 5월에는 2.3 버전이 출시되었다. 그 이후에도 이러한 버전 업그레이드 작업은 지속되어지고 있다.

즉, UML은 Rational Software에 근무하던 Grady Booch, Ivar Jacobson, James Rumbaugh 등의 소프트웨어 설계에 사용할 시스템과 접근법을 표준화하자는 노력에서 시작되어, 1997년에 OMG에 의하여 표준으로 채택되어지고, 그 이후 해당기관에 의하여 관리되어지고 있다가, 2005년도에는 UML 2.0이 ISO에 의해 승인을 득한 표준으로서 출간되었다. UML의 최신 사항을 반영하기 위하여 그 이후 주기적으로 수정 보완되고 있는데, UML 2.x 의 13개의 다이어그램을 이해하는 것은 객체지향 방식의 개발 방법을 이해하는 데에 있어 중요하다.

UML 외에도 많은 모델링 기법이 있지만 객체(object) 기술 영역에서는 UML 이 표준 모델링를 정의하고 있으며, UML2.x의 13개 다이어그램는 다음과 같이 3가지 유형의 다이어그램으로 분류될 수 있다.

먼저, 행위(behavior) 다이어그램은 시스템 혹은 비즈니스 프로세스(business process)의 행동주의적인 기능들을 표현하는 다이어그램으로서, 인터랙션 다이어그램(Interaction Diagram) 외에도 액티비티(Activity), 스테이트 머신, 유스케이스 다이어그램(Usecase Diagram) 등을 포함한다.

인터랙션 다이어그램은 오브젝트의 인터랙션을 강조하는 행위(behavior) 다이어그램의 부분집합으로서 커뮤니케이션, 인터랙션 오버뷰, 시퀀스, 타이밍 다이어그램을 포함한다.

마지막으로 구조 다이어그램은 시간과는 상관없는 명세의 요소들을 나타내는 다이어그램으로서, 클래스, 컴포지트 구조, 콤포넌트, 배치, 객체, 패키지 다이어그램을 포함한다.

〈표 1〉 UML 2.x 의 다이어그램 유형

구별	다이어그램	기능
행위 다이어그램	액티비티 다이어그램	시스템 내부의 복잡한 논리를 모델하는 혹은 데이터 흐름도를 포함 개략적 비즈니스 프로세스를 나타냄
구조 다이어그램	클래스 다이어그램	클래스, 타입, 내용, 그리고 상관관계도 등의 정적인 모델 요소들의 집합을 나타냄
상호작용 다이어그램	커뮤니케이션 다이어그램	클래스, 상관관계도, 그들 간의 메시지 흐름들의 인스턴스를 보여줌. 커뮤니케이션 다이어그램은 일반적으로 메시지를 보내고 받는 객체들의 구조도에 초점을 맞추고 있음. 과거에는 Collaboration 다이어그램이라고 불리었음
구조 다이어그램	컴포넌트 다이어그램	어플리케이션, 시스템, 엔터프라이즈등을 구성하는 구성요소들을 나타냄. 컴포넌트, 그들 간의 상관관계도, 상호작용, 그리고 그들 간의 인터페이스를 상세 기술함

구별	다이어그램	기능
구조 다이어그램	컴포지트 구조 다이어그램	시스템의 다른 부분에 분류체계의 인터랙션 포인트를 포함하여 분류체계의 내부 구조를 나타냄(예를 들어 클래스, 컴포넌트, 혹은 유스케이스)
구조 다이어그램	배치 다이어그램	시스템의 실행 구조를 보여줌 연결하는 미들웨어 뿐만 아니라 하드웨어든 소프트웨어 실행 환경 및 노드를 포함함
상호작용 다이어그램	인터랙션 오버뷰 다이어그램	시스템 혹은 비즈니스 프로세스 내의 통제 흐름도를 전체적으로 파악하는 액티비티 다이어그램의 변형임. 액티비티는 다른 인터랙션 다이어그램을 표기한다
구조 다이어그램	객체 다이어그램	필요시점에 객체 및 그들 간의 상관관계를 나타냄. 일반적으로 클래스 다이어그램 혹은 커뮤니케이션 다이어그램등의 특수한 경우를 말함
구조 다이어그램	패키지 다이어그램	패키지 간의 의존도 외에도 모델 요소들이 어떻게 패키지 안으로 구조화 되었는지를 보여줌
상호작용 다이어그램	시퀀스 다이어그램	순서적인 논리를 모델링을 함, 실제적으로는 분류체계 간의 메시지의 시간적 순서를 의미함
행위 다이어그램	상태 머신 다이어그램	상태 간의 변환 외에도 객체 밍 상호작용이 위치할 상태를 표시함. 과거에는 상태 다이어그램, 상태 차트 다이어그램, 상태 변환 다이어그램으로 칭하였음
상호작용 다이어그램	타이밍 다이어그램	상태 상의 변화, 혹은 분류체계 인스탄스의 조건의 변화, 시간상에서의 역할의 변화 등을 나타냄 외부 환경에 변화에 따른 대응으로서 시간 선상에서 객체의 상태 변화를 보여주는데 사용되어졌음
행위 다이어그램	유스케이스 다이어그램	유스케이스, 액터, 그들 간의 관계 등을 보여줌

6.3 요구분석 및 Use Case

(1) 요구분석

요구분석(requirements analysis)이란 소프트웨어를 개발하거나 변경하는 프로젝트 수행 과정에서 요구사항 및 제약조건들을 결정하는 작업을 수행하게 되는데, 다양한 관계자들의 상충적인 요구사항을 고려하여 분석하고, 문서화하고, 검증, 그리고 관리하는 절차를 말한다.

요구사항(requirements)이란 소프트웨어를 설계할 수 있을 정도의 상세함을 갖춘 비즈니스 요구사항으로서 문서화되어야 하며, 실행 가능하고, 측정 가능, 테스트 가능, 추적 가능하여야 한다.

요구분석 단계는 매우 길고 힘든 과정으로서, 새로운 시스템이 환경을 변화시키고 사람들 사이의 관계도 변화시킬 수 있기 때문에 모든 관계자들을 식별하고, 요구사항들을 고려하여 모든 관계자들이 새로운 시스템에 대한 의미를 이해하는지를 확인하는 것이 매우 중요하다.

요구분석 단계는 요구사항 추출, 요구사항 분석, 그리고 요구사항 기록의 세 가지 형태의 활동들을 포함한다. 요구사항 추출활동은 요구사항 수집(requirements gathering)이라고도 하며, 비즈니스 프로세스의 문서화와 관계자들의 인터뷰 등을 수행한다. 요구사항 분석활동은 기술된 요구사항들이 명확한지, 완전한지, 그리고 일관성이 있고 모호하지는 않은지를 결정하고 상충되는 사항들을 해결하는 과정이다. 요구사항 기록 활동은 요구사항들을 총괄 리스트로 작성하는데, 자연언어 문서화, 유스케이스, 사용자 스토리, 프로세스 명세서 등의 다양한 형태로 문서화는 과정이다.

소프트웨어 프로젝트에 대한 성공여부는 요구사항과 제약조건을 만족시키는 시스템을 주어진 기간과 비용내에 개발완료하여 인도되는가에 달려있으므로 요구사항을 빠트리지 않고 제대로 찾아내어 시스템을 제대로 개발해 주는 것이 매우 중요하다.

요구사항(requirements)이란 시스템이 수행하는 기능이나 성능 등의 동작이나 상태 변화 등을 말하는데 시스템이 수행하는 기능에 대한 요구사항인 기능적 요구와 시스템의 성능, 품질, 보안, 안전, 사용성 요구 등의 비기능적 요구사항으로 나눌 수 있다.

요구사항 추출은 소프트웨어 개발에서 매우 중요하며 가장 어려운 부분이다. 왜냐하면 개발팀이 개발될 시스템의 도메인에 대한 이해가 부족한 경우가 많아서 사용자와 개발자 사이의 의사소통이 쉽지 않고 사용자의 요구사항을 정확히 표현하지 못하는 경우가 많다. 또한 요구사항 추출 작업이 개발자, 사용자, 관리자 모두에게 과소평가되어 충분한 시간과 자원이 할당되지 못하고 비기능적 요구사항을 파악하지 못하는 경우가 많고 요구사항은 개발 기간 동안 계속 변경될 수 있기 때문이다.

이런 어려움 속에서도 요구사항 추출은 매우 중요한 작업이므로 다양한 유형의 정보를 찾아야 하는데, 발주자, 사용자, 도메인 전문가, 운영자, 이해 당사자들과 기존 시스템(legacy system)과 절차, 규정, 매뉴얼 등 현존 문서로부터 이루어질 수 있다. 다양한 요구사항의 출처로부터 이해당사자들의 인터뷰나 프리젠테이션, 설문조사, 브레인스토밍 회의 등을 통하여 요구사항을 추출할 수 있다. 또한 방법론에 따라서는 최종시스템의 예상 기능 중의 일부를 빠르게 구현한 프로토타입을 사용하여 사용자 및 이해당사자와의

피드백을 통하여 요구사항을 도출하기도 하며, 사용자 스토리를 통하여 사용자와 개발
팀이 함께 만들어서 요구사항 및 시스템의 역량을 기술하는 방법을 사용한다. 또한 기존
시스템과 문서 등을 조사하거나, 업무 절차 및 템플릿을 조사하여 기업의 정책이나 규정
을 파악하여 기업의 표준이나 제한 사항을 추출할 수 있다. 요구사항의 배경이 되는 업
무 영역인 도메인에 대한 공통된 규칙 및 개념 등 도메인 지식을 분석한다.

(2) 유스케이스(Use Case)

유스케이스는 시스템이 사용자에게 제공하여야 하는 서비스 또는 기능이다. 각 유스
케이스는 사용자 또는 외부시스템과 상호작용을 하게 되는데 이를 모델링한 것이 유스
케이스이다. 유스케이스는 새로운 또는 변경되는 소프트웨어 시스템에 대한 기능적 요
구사항을 문서화하기 위한 구조(structure)로서 각각의 유스케이스는 특정 비즈니스 목
표를 달성하기 위하여 어떻게 목표시스템이 사용자나 다른 시스템과 상호작용 해야할
지에 대한 시나리오를 제공한다. 유스케이스는 전형적으로 기술적 용어는 피하고, 최종
사용자나 도메인 전문가가 사용하는 용어를 선호하며, 요구 엔지니어와 이해당사자가
공동으로 작성하기도 한다.

유스케이스는 시스템이 프로세스 상에서 어떻게 작동하여야 하는지 설명하기 쉽기 때
문에 개발자들이 무엇이 잘못되었는지를 브레인스토밍 하는데 도움이 된다. 유스케이스
는 일련의 목표를 제공하고 이 목표들은 시스템의 복잡도 및 비용을 산출하는데 사용될
수 있다. 그러고 나서, 프로젝트 팀은 어느 기능들을 요구사항으로 만들어 구현할 지를
협상할 수 있다. 유스케이스는 누가 시스템을 사용할지, 사용자가 무엇을 하기를 원하는
지, 사용자의 목표가 무엇인지, 사용자가 특정한 업무를 완성하기 위하여 수행해야 할
단계 등을 포함하며, 구현 관련된 언어, 사용자 인터페이스나 스크린 등에 대한 상세한
내용은 포함되지 않는다.

유스케이스 모델은 유스케이스 다이어그램과 유스케이스 명세로 구성되며, 유스케이
스 다이어그램은 시스템내의 액터(actor)와 유스케이스 간의 관계를 나타내는 다이어그
램으로서 필수요소인 액터, 유스케이스, 유스케이스 간의 관계(association), 그리고 선
택요소인 시스템 경계 박스(system boundary box) 및 패키지(package)로 구성된다.

유스케이스 작성과정은 먼저, 액터 찾기, 유스케이스 찾기, 유스케이스 사이의 관계
찾기 과정으로 이루어진다. 필요에 따라, 시스템 경계 박스 및 패키지를 사용한다.

액터는 시스템과 작용하는 외부 엔티티로서 사람이 될 수도 있고 다른 시스템이 될 수도 있으며 유스케이스 다이어그램에서 사람 모양으로 표시된다. 액터는 꼭 사람과 연결시키는 것보다는 역할을 추상화한 것이므로 같은 사람이라도 역할이 다르면 접근 기능도 다르기 때문에 다른 액터로 표시하여야 한다. 외부 시스템 액터는 사람모양의 기호 밑에 〈〈system〉〉이라는 기호를 적어준다.

유스케이스는 액터의 관점에서 본 시스템의 동작을 나타낸다. 즉, 액터가 볼 수 있는 시스템에 의해 제공되는 기능으로서 이벤트의 집합으로 나타낸다. 유스케이스는 다른 유스케이스를 가동시킬 수 있고 액터로부터 더 많은 정보를 수집할 수도 있다. 유스케이스는 여러 개의 시나리오를 묶어서 일반화한 것으로서 시스템의 어떤 기능을 수행할 때 정상적인 흐름만이 아니라 오류, 예외 경우에 대한 흐름도 포함하고 있다. 유스케이스 다이어그램에서 유스케이스는 타원형으로 표시하며, 자연언어 형식의 유스케이스 명세를 작성한다.

유스케이스 명세는 필요한 레벨의 상세함이나 복잡도에 따라, 다음 요소의 조합으로 구성된다.

- 액터 : 시스템을 사용하여 행위를 수행하는 사람이나 사물
- 이해당사자(Stakeholder) : 논의되고 있는 시스템의 행위에 관심을 갖고 있는 사람이나 시스템
- 주요 액터 : 목표를 달성하기 위하여 시스템과 상호작용을 개시하는 이해당사자
- 전제조건 : 유스케이스가 수행된 전과 후에 발생되거나 만족되어야 하는 조건
- 트리거 : 유스케이스가 시작시키는 이벤트
- 주요 성공 시나리오 : 잘못된 것이 없는 정상적인 경우에 수행되는 유스케이스
- 대체 경로 : 주요 과제의 변형들로서 에러 및 예외사항 등 시스템 레벨에서 오류가 발생했을 때 수행되는 유스케이스

시스템이 커지면 유스케이스의 숫자가 상당히 많아지는데 액터와 유스케이스의 다양한 관계성(association)을 사용하여 유스케이스 다이어그램의 복잡도를 줄이고 이해도를 높일 수 있다. 유스케이스 간에는 포함관계(include)와 확장관계(extended)를 찾을 수 있다. 포함관계를 사용하면 복잡한 시스템을 모델링할 때 유스케이스 간의 공통점을 찾

아서 포함관계로 나타내어 유스케이스 간의 중복을 제거할 수 있다. 포함을 표시할 때는 점선화살표를 사용하며 화살표 위에 〈〈include〉〉라고 표시한다. 확장관계는 하나의 유스케이스와 비슷한 유스케이스 사이에 약간의 차이가 있고 비슷할 때 사용할 수 있다. 즉, 확장 관계는 부가적이나 선택적인 동작을 표현하거나 특정 조건에서만 일어나는 동작을 표현할 때 액터의 선택에 따라 생길 수 있는 대체 경로가 있을 경우에 사용한다. 점선 화살표를 사용하며, 화살표 위에 〈〈extend〉〉라고 표시한다.

유스케이스의 작성 절차를 정리해보면 다음과 같다.

① 시스템 사용자를 식별해 낸다.

② 이들 사용자 중의 하나를 선택한다.

③ 사용자가 수행하기 원하는 것을 정의하면 하나 하나가 유스케이스가 된다.

④ 각각의 유스케이스에 대해서, 그 사용자가 시스템을 사용할 때 일어나는 정상적인 사건들을 결정한다.

⑤ 그 유스케이스에 대하여 정상적인 경로에 대한 명세를 작성한다. 사용자가 무엇을 해야 하고 시스템은 사용자에 어떤 응답을 해야하는 지를 작성한다.

⑥ 정상적인 경로에 대한 명세를 작성하고 나면, 유스케이스를 확장(extend)하기 위한 이벤트의 대체 경로를 고려한다.

⑦ 유스케이스들의 공통점을 찾고 이들을 기록하여 사용한다.

⑧ ① ~ ⑧까지를 반복한다.

다음은 웹에서 홈에너지를 관리하는 페이지의 유스케이스의 예제를 나타낸다.

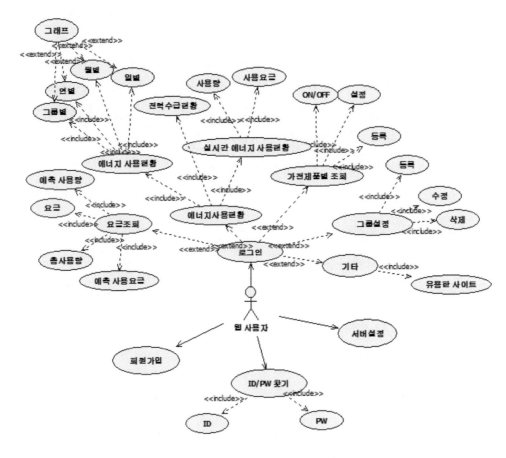

[그림 1] 유스케이스 예제

일반적으로 유스케이스를 이용하여 요구사항 분석이 가능하지만 유스케이스 단독으로는 모든 요구사항을 나타내기 어렵다. 다음은 유스케이스 기반의 요구사항 분석서의 예제를 나타낸다.

1. 시스템 개요

(전체 시스템의 개요를 간단히 작성. 전체 시스템에 필요한 요구사항을 정의)

본 시스템의 공식 명칭은 '홈 에너지 관리 시스템' 이다. 시스템은 웹 기반의 시스템으로 웹을 이용하여 가정의 사용 전력량을 감시 할 수 있는 시스템이다,

2. 유스케이스

2.1 액터 목록 (전체 유스케이스에서 사용되는 액터를 정의)

액터	구분	설명
분석실무자	시스템사용자	개황작성 및 민원영향분석, 선정기준관리 및 경과대역 탐색을 수행하는 사람
현장 실무자	시스템사용자	현장 개황 추가정보 및 기타 참고자료를 수집하고 현장 민원영향 평가를 수행하는 사람

2.2 새 프로젝트 시작 (use case 이름)

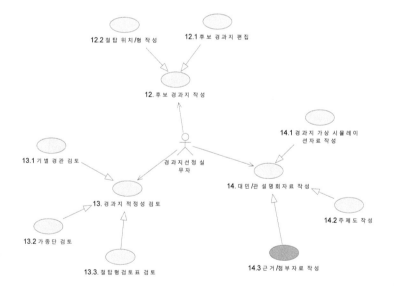

1) 개요 (Use case에 관한 간단한 설명 및 요구사항 정의)

경과지 작업자는 신규 프로젝트를 생성한다. 프로젝트 생성 시 사전에 정해진 구조로 폴더 구조가 생성되며 기초 파일이 복사된다. 복사될 기초파일의 종류는 mdb, 각종양식(경관저하도, 표준선정기준, 가중치 기본케이스), 시종점 Feature파일, 민원지점 Feature 파일 등이다. 또한 사전에 정의된 형태대로 레이어 리스트가 구성된다.

2) 사건흐름

– 기본흐름 (일반적인 흐름)

  사용자는 신규 프로젝트 생성을 주 메뉴에서 선택한다.

  시스템은 사용자에게 신규 프로젝트 생성 위치와 프로젝트 폴더 명칭을 요청한다.

  사용자는 프로젝트 생성위치와 폴더 명칭을 입력한다.

  시스템은 새로운 프로젝트가 생성되었음을 알린 후 유즈케이스가 종료된다.

– 대안흐름 (예외 상황이나 오류 발생시)

  없음

3) 사전/사후조건

– 사전조건

  (본 use case를 실행하기 전에 실행되어야 할 use case나 조건을 명시)

  없음

– 사후조건

  (본 use case를 실행한 후에 실행되어야 할 use case나 조건을 명시)

  유즈케이스 '프로젝트 기본속성 작성'실행

4) 관련 화면

(요구사항에 따라 필요한 데이터 필드가 있다면 정의. 아래 예에서는 신규프로젝트의 확장자는 .xml이
어야함을 보이고 있음)

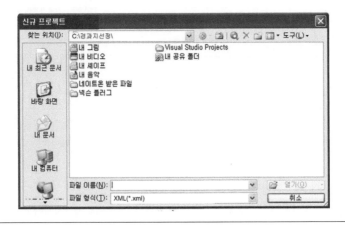

6.4 데이터 분석

소프트웨어 엔지니어링에서, 엔티티 릴레이션쉽 모델은 비즈니스 도메인에서의 데이터 혹은 정보를 표현하는 데이터 모델링 기법이다. 관계형 데이터베이스처럼 데이터베이스에서 궁극적으로 구현된 방식으로 제시되어진다. 엔티티 릴레이션쉽(Entity Relationship) 모델은 1976년에 Peter Chen 에 의하여 개발되었다.

엔티티 릴레이셔쉽 모델(entity-relationship model)은 비즈니스 데이터를 표출하고 정리하는 시스템적 프로세스를 활용한 결과이다. 이 모델은 비즈니스 프로세스를 정의하지는 않지만 비즈니스 데이터를 비쥬얼라이즈(Visualize)한다. 데이터는 의존성과 요구사항을 표현하는 관계로 각각이 연결되어지는 컴포넌트로서 표출되어진다. 예를 들자면, 하나의 빌딩이 여러 아파트먼트로 나누어질 수도 있지만 하나의 아파트먼트는 오직 하나의 빌딩안에서만 위치할 수 있다. 엔티티는 각각을 특정화하는 여러 속성을 (properties/attributes) 가질 수 있다. 이러한 엔티티, 속성, 관계 등을 표현하는 다이어그램을 엔티티 릴레이션쉽 다이어그램이라고 한다.

ER 모델은 데이터베이스로서 구현되어진다. 데이터를 테이블에 저장하는 관계형 데이터베이스의 경우, 각 테이블의 각각의 행은 엔티티의 하나의 인스턴스를 나타낸다. 이러한 테이블의 일부 데이터 필드는 다른 테이블의 인덱스를 나타낸다. 일부 포인터는 릴레이션쉽의 물리적 구현이다. 소프트웨어에 대한 3개의 스키마 접근법(3 schema approach)은 ER 모델의 3개 레벨을 사용한다.

먼저, 개념적 데이터 모델(Conceptual data model)이 있는데, 최소 레벨의 상세함을 포함하는 가장 상위 수준의 ER(Entity Relationship) 모델이다. 그리고 모델 세트내에서 포함되어야 할 전반적 범위를 제시한다. 개념적 ER 모델은 조직내에서 일반적으로 사용되어지는 마스터 준거 데이터 엔티티를(master reference data entities) 정의한다. 전사 차원의 개념적 ER 모델을 만드는 것은 전사 차원의 데이터 아키텍처를 문서화하는 것을 지원할 수 있다. 개념적 ER 모델은 논리적 데이터의 기초로 상용되어질 수 있다. 개념적 ER 모델은 논리적 ER 모델간의 마스터 데이터 엔티티을 위한 구조적 메타 데이터 공통적 속성을 정리해내는 것이다. 개념적 데이터 모델은 데이터 모델 통합을 위한 기초로서 ER 모델간의 공통 속성 상관관계를 만들어 내는 것에 활용될 수 있다.

두 번째는 논리적 데이터 모델(Logical data model)은 개념적 ER 모델을 필요로 하지는 않는다. 특히 논리적 데이터 ER 모델의 범위가 독특한 정보시스템의 개발만인 경우라면 말이다. 논리적 ER 모델은 개념적 ER 모델보다는 훨씬 상세한 수준이다. 마스타 데이터 엔티티에 추가해서 운용을 위한 그리고 통상 업무 수준의 데이터 엔티티가 정의되어진다. 각 데이터 엔티티의 상세내역이 만들어지고 데이터 엔티티간의 상관관계가 정리되어진다. 논리적 ER 모델은 구현되어질 기술적 측면과 무관하게 만들어진다.

마지막으로 물리적 데이터 모델(Physical data model)은 논리적 ER 모델에 근거하여 만들어진다. 물리적 ER 모델은 데이터베이스로서 구체적 예시를 만들기 위해 만들어진다. 각 물리적 ER 모델은 데이터베이스를 만들어내기 위한 상세한 내역을 가지고 있어야 한다. 각 물리적 ER 모델은 기술과는 독립적이다. 왜냐면 각 데이터베이스 관리시스템이 어느 정도 달라야 하기 때문이다. 물리적 모델은 데이터베이스 테이블로서의 데이터베이스 관리 시스템의 구조적 메타데이타 안에서, 특정 키 인덱스로서의 데이터베이스 인덱스안에서, 외부 키값 제한요소 혹은 공통 속성 제한요소 같은 데이터베이스 제한요소 등으로 구체적으로 예시되어진다. ER 모델은 관계형 데이터베이스 객체에 대한 수정을 설계하는데 이용되어지고 데이터베이스의 구조적 메타데이타를 유지하는데 활용되어진다.

정보시스템 설계의 첫번째 단계에서는 이러한 모델들을 사용하는데 예를 들면 정보에 대한 수요 그리고 데이터베이스에 저장될 정보의 유형을 표현하고 정리하는 요구사항 분석 단계에서 사용한다. 데이터베이스에 기초한 정보시스템 설계의 경우, 개념적 데이터 모델은 관계형 데이터모델과 같은 논리적 데이터 모델과 매핑(mapping) 되어진다. 물리적 설계단계에서, 이는 물리적 모델과 매핑되어진다.

6.5 정적 모델링 · 클래스 다이어그램

클래스 다이어그램(Class Diagram)은 UML에서 정적 모델링의 대표적인 표현으로 시스템의 도메인 개념을 나타낼 때 사용한다. 클래스 다이어그램은 클래스 내부의 객체지향시스템에 존재하는 클래스와 클래스안의 필드, 메소드, 서로 협력하거나 상속하는 클래스 사이의 관계를 표기하는 다이어그램으로 이는 구조 다이어그램에 속한다.

클래스 다이어그램을 그리는 작업은 응용문제를 개념화하는 과정이다. 개념화 작업의 중요한 단계는 분류 단계이다. 클래스는 분류 작업의 결과물이다. 분류 작업은 두가지 방향으로 이루어진다. 개별 사례들을 보고 공통점을 찾아 인식하는 확장형과 일반적인 개념의 속성, 동작들을 안에서 파악하여 적용하는 내재형이 있다.

클래스 다이어그램은 클래스간의 관계를 알 수 있게 하지만 클래스가 어떻게 상호작용을 하는지와 자세한 알고리즘, 동작이 구현되는 방법에 대해서는 알려주지 않는다.

클래스의 표현은 클래스 기호(Symbol)를 세 개의 부분으로 나누는데 맨 위에는 클래스의 이름, 중간에는 클래스의 속성, 맨 아래 부분이 오퍼레이션/메소드이다. 추상클래스는 클래스 이름의 뒤에 {abstract}를 붙여준다. UML에서 제공하는 기본요소 외에 추가적인 확장요소를 나타내는 스테레오 타입(stereo type)을 표시하기 위해서는 〈〈〉〉기호를 붙여준다. 예를 들면 〈〈constructor〉〉Class 는 해당 메소드가 생성자라는 것을 알려주는 것이다. 속성이란 객체가 가지는 모든 필드를 포함한다. 클래스의 속성, 오퍼레이션/메소드의 앞에 붙은 +,-,# 기호들은 visibility를 나타낸다. +기호는 Public으로 선언되고 외부에서 이 기호가 붙은 메소드는 접근 가능하다. - 기호는 Private으로 선언되어 외부에서의 접근 및 사용이 불가능하다. # 기호가 있는 요소는 상속된 클래스에서만 제한적으로 사용이 가능하다.

관계(Relationship)는 시스템안에서 객체는 서로 관계를 맺고 상호작용을 통해 시스템의 기능을 제공한다. 때문에 설계 작업에서 객체가 속하는 클래스 사이의 관계를 찾는 것이 필요하다.

일반화(Generalization)는 슈퍼클래스(Superclass)와 서브클래스(Subclass) 즉, 일반화된 개념과 구체적인 개념의 관계를 나타낸다. 일반화(Generalization)란 서브클래스가 주체가 되어 서브클래스를 슈퍼클래스로 일반화하는 것이다. 일반화의 반대 개념으로 슈퍼클래스를 서브클래스로 구체화 하는 개념이 있다. 상속은 슈퍼클래스의 필드 및 메소드를 사용하며 이를 구체화 하여 필드 및 메소드를 추가 하거나 필요에 따라 메소드를 오버라이딩 하여 재정의 한다. 슈퍼클래스가 추상 클래스인 경우, 인터페이스의 메소드 구현과 같이 추상 메소드를 반드시 오버라이딩하여 구현해야 한다. 이와 같이 슈퍼클래스 방향으로 비어있는 화살표를 연결하여 관계를 나타내며 부모 클래스의 종류에 따라 화살표의 종류가 다르다.

의존성(Dependency)은 클래스 다이어그램에서 일반적으로 가장 많이 사용되는 관계이다. 어떤 클래스가 다른 클래스를 참조하는 것을 의미하며 참조의 형태는 메소드 내에서 대상 클래스의 객체 생성, 객체 사용, 메소드 호출 등을 말하며 참조를 계속 유지하지는 않기 때문에 일시적 사용이라고 볼 수 있다. 참조의 형태이기 때문에 한 클래스가 다른 클래스를 소유하지 않지만, 다른 객체가 변경될 때 같이 변경되어야 하는 경우 사용한다. 표시는 클래스를 점선 화살표를 사용하는 클래스에서 사용되는 클래스로 이어준다.

연관(Association)은 클래스 다이어그램에서의 연관은 일반적으로 다른 객체의 참조를 가지는 필드를 의미한다. 연관관계가 나타낼 수 있는 관계에는 단방향(Directed Association)과 양방향(Association)이 있다. 단방향과 양방향의 차이는 방향성에 있다. 단방향에서는 화살표가 User에서 Address쪽으로 향하고 있으므로 User가 Address를 참조하는 것이다. 양방향의 경우 User가 Address를 참조하는 것 외에도 Address가 User를 참조하는 것도 가능하다. 화살표 옆의 -address는 클래스에서 참조하는 속성을 나타낼 때 사용하는 Role name이다.

클래스 다이어그램 작성 과정은 클래스가 될 만한 후보를 선정하고 가장 중요한 클래스를 시작으로 상속관계, 연관, 속성을 추가한다. 다음으로 클래스의 주요 임무를 찾아내어 오퍼레이션으로 추가하는 과정을 반복한다.

클래스의 후보로는 구조, 외부시스템, 디바이스, 역할, 운용절차, 장소, 조직, 완성된 시스템에 의해 조작되어야 할 정보 등이 가능하며, 항상 실세계에 존재하는 개체만이 아니라 추상적인 개념도 될 수 있다. 클래스의 이름을 붙일 때는 중복되지 말아야 하며, 일반적인 이름이 아닌 명확한 이름이어야 한다. 클래스는 엔티티 클래스, 경계클래스, 제어클래스의 유형으로 나누어 볼 수 있으며, 엔티티 클래스는 시스템에 영구적으로 저장되어 사용되어야 할 자료가 들어 있는 클래스이다. 경계 클래스는 주로 시스템 외부의 액터와 상호 작용하는 클래스로사용자 인터페이스를 제어하는 역할을 한다. 제어클래스는 경계 클래스와 엔티티 클래스 사이에 중간 역할을 하는데 실세계에 매칭 될 만한 대상은 없고 유즈케이스와 밀접한 관련이 있으며, 경계 클래스로부터 정보를 받아 엔티티 클래스에게 전달해준다.

연관관계 클래스 사이의 구조적인 연관을 찾아 클래스 다이어그램에 나타낸다. 연관관계의 이름은 클래스 사이의 연관관계를 나타내며 생략될 수도 있고 유일한 이름을 붙일 필요는 없다. 역할은 연관관계의 양쪽끝에 있는 클래스의 기능을 나타내며, 다중도는 연관관계를 구성하는 인스턴스의 개수를 타나낸다.

다음은 개별 객체들이 가지는 특성인 속성을 추가한다. 속성은 시스템과 관련된 필요한 것만 찾아야 하며, 속성과 클래스를 혼동하지 않도록 속성을 찾기 전에 가능한 많은 연관관계를 파악하여야 한다. 속성은 객체안에서 구별할 수 있는 이름을 가지며, 구현하는 개발자는 프로그래머를 위한 간단한 설명, 속성값의 타입 등을 정한다.

정적 모델링에는 클래스 다이어그램 외에도 컴포넌트 다이어그램, 컴포지트 구조 다이어그램, 객체 다이어그램, 패키지 다이어그램, 그리고 배치 다이어그램 등이 있다.

다음은 앞에서 살펴본 홈 에너지 시스템의 로그인에 관련된 클래스 다이어그램을 나타낸다.

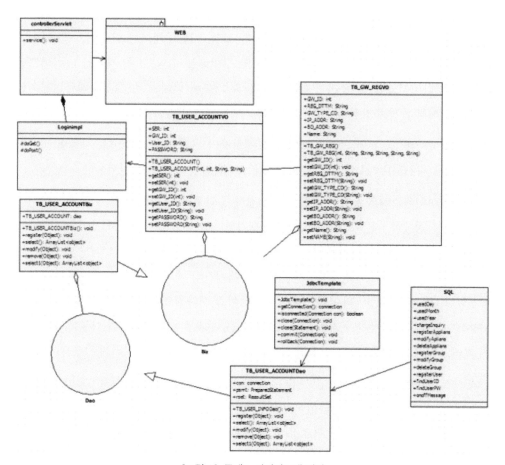

[그림 2] 클래스 다이어그램 예제

6.6 동적 모델링 · 시퀀스 다이어그램

동적 모델링(Dynamic modeling)은 시간상에서의 시스템의 행동유형을 모델하고 표현하는데 사용되어진다. 이는 시퀀스 다이어그램(Sequence Diagrams), 액티비티 다이어그램(Activity Diagram), 상태 다이어그램(State Diagram) 등을 포함 하는데 이 중에서 가장 많이 사용되는 다이어그램은 시퀀스 다이어그램(Sequence diagrams)이다.

다른 동적 모델링 기법으로 액티비티 다이어그램, 커뮤니케이션 다이어그램, 타이밍 다이어그램, 인터뷰 오버뷰 다이어그램 등으로 구별해볼 수 있으나, 시퀀스 다이어그램은 클래스 다이어그램 및 물리적 데이터 모델과 더불어 현대의 비즈니스 어플리케이션 개발에 있어서 가장 중요한 설계단계에서의 기법이라고 하겠다.

시퀀스 다이어그램은 아래의 사항들을 모델화하기 위해 사용되어진다. 사용법 시나리오(Usage Scenario)는 시스템이 사용되는 가능한 방안들에 대한 설명서이다.

시퀀스 다이어그램은 복잡한 운용, 기능, 절차 등의 논리를 탐색해 보기 위해 사용되어진다. 매우 상세한 시퀀스 다이어그램을 생각한다면 비쥬얼 객체 코드(Visual Object Code) 이다 시퀀스 다이어그램은 시스템내에서 사용자간, 화면간, 객체간, 엔티티간의 상호작용을 표현하는데 사용된다. 시간상에서 객체간의 메시지 전달의 순차적 흐름도를 제시한다. 통상적으로 이 다이어그램은 유스케이스 시나리오를 예시하기 위한 모델에서 활용되어진다. 즉, 사용자가 작업을 완료하기 위해서 내부적으로 무엇이 이루어져야 하는지 그리고 사용자가 시스템과 어떻게 상호작용을 해야 하는지를 알기위해 활용되어진다.

시퀀스 다이어그램은 프로세스가 다른 프로세스와 어떻게 운용되는지 그리고 어떤 순서인지를 보여주는 상호작용 다이어그램이다. 이것은 메시지 순서 차트를 만드는 것이다. 이 다이어그램은 시간의 순서로 배열된 객체의 상호작용을 보여준다. 시나리오의 기능성을 보여주기 위해 필요한 객체간의 교환되어진 메시지의 순서와 시나리오에 포함된 객체와 클래스를 제시하여 준다. 시퀀스 다이어그램은 개발 중에 있는 시스템의 논리적 관점에서 유스케이스의 구현과 연관되어져 있다. 시퀀스 다이어그램은 때로는 이벤트 다이어그램이라고도 한다.

UML 시퀀스 다이어그램은 가시적 방식으로 시스템 내부의 논리의 흐름을 모델화 하여 보여주고, 논리를 문서화하고 확인하게 하며, 분석과 설계목적으로 사용되어진다. 시퀀스 다이어그램은 시스템 내부행위를 정의하는데 초점을 맞춘 동적 모델링을 위한 가장 일반화된 UML 산출물이다.

시퀀스 다이어그램 작성과정은 다음과 같다.

먼저 참여하는 객체를 파악한다. 유스케이스의 자세한 이벤트를 조사하면서 객체를 찾아낸다. 파악한 객체를 X축에 나열하고 라이프라인을 긋는다. 객체를 나열할 때는 시스템 경계를 담당하는 UI 객체를 맨 왼쪽에 다음으로 비즈니스 로직을 다루는 제어 객체, 마지막으로 자료의 접급과 저장을 위한 엔티티 클래스를 나열한다. 마지막으로 유스케이스에 기술된 이벤트 순서에 따라 객체의 메시지 호출을 화살표로 나타내는데 유스케이스를 구동시키는 액터로부터 UI 클래스에 보내는 명령을 표시한 후 개입하는 각 객체의 메시지 호출을 화살표로 그린다. 메시지 호출이 순차적으로 일어난다는 뜻으로 Y축의 위에서 아래로 차례로 그려나간다.

다음은 일반적인 ATM에서 현금을 인출하는 과정의 시퀀스 다이어그램을 나타낸다.

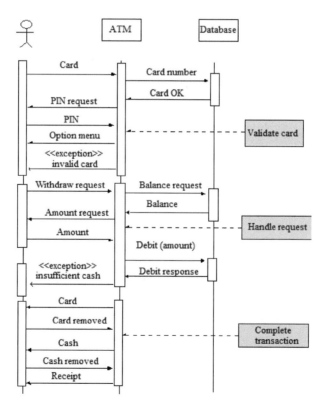

[그림 3] 시퀀스 다이어그램 예제
(참고문헌: Software Engineering, 8th edition, Sommerville, Addison Wesley)

그 외 동적 모델링 중, 액티비티 다이어그램(Activity Diagram)은 시스템내에서 얼마나 다양한 워크플로가(Workflow) 만들어지고, 어떻게 시작이 되며, 시작부터 종료 때까지 가능한 의사결정 경로가 얼마나 많고 다양한지를 나타낸다. 또한 이 다이어그램은 어떤 액티비티의 실행 과정에서 병렬처리가 어떻게 일어나는지를 예시하기도 한다. 상태 머신 다이어그램(State Machine Diagram)은 객체가 시스템을 통해 이루어질 수 있는 상태의 변화 혹은 변환을 상세화하는데 사용된다. 한 객체가 하나의 상태에서 다른 상태로 어떻게 이동하는지, 변화를 통제하는 규칙이 무엇인지를 제시하는데 이용되어진다.

6.7 테스팅

현장에서 실제로 일을 하다보면 소프트웨어를 만드는 것도 어렵지만 소프트웨어가 제대로 만들어졌는지 테스팅을 하는 것은 매우 힘들고 많은 노력을 요하는 작업이다. 특히 은행의 모든 전산시스템을 새로이 만드는 경우, 각 프로그램마다 테스팅을 하고, 문제를 찾아내서 수정하고, 이 단계가 끝나면, 해당 부분별 프로그램을 모아서 다시 테스팅을 하고, 문제점을 찾아내서 다시 수정하는 단계를 여러 차례 반복하면서 완성도를 높여나가는 과정을 겪게 된다. 이 과정은 참으로 힘이 드는데, 밤을 새야하는 일도 빈번하고, 문제의 원인이 되는 해당 프로그램을 찾아내는 것도 어렵고, 문제를 고치고 제대로 고쳐졌는지 다시 확인을 하는 것 역시, 많은 시간과 인내와 침착함을 요하는 고통스럽고 끝이 잘 보이지 않는 작업이다.

소프트웨어 테스팅은 만들어진 제품이 어느 수준의 품질을 가지고 있는지 파악을 하는 조사 과정이다. 또한 소프트웨어를 실제로 현장에 적용하고 구현하는 과정에서 어떤 위험이 있을지를 파악할 수 있도록 객관적이고 독립적인 시각을 제시한다고 할 수 있다. 테스팅을 하는 기법은 소프트웨어의 문제점을 발견할 목적으로 프로그램이나 어플리케이션을 실행해 보는 모든 과정이라고 정의해볼 수 있다. 소프트웨어 테스팅은 각 컴포넌트의 가치를 평가하기 위한 소프트웨어 컴포넌트 및 시스템 컴포넌트의 테스팅적인 실행을 포함한다.

일반적으로 소프트웨어 테스팅은 아래의 항목들에 대해 적합성을 확인하는 조사 과정이라 할 수 있다

① 설계 및 개발단계에서 정한 요구사항을 얼마나 수행할 수 있는가?

② 모든 입력사항에 대해 맞게 대응하는가?

③ 정해진 시간내에 적정하게 기능을 수행할 수 있는가?

④ 사용함에 있어 자신감을 주는가?

⑤ 정해진 시스템 환경에서 설치되고 구동되어질 수 있는가?

⑥ 시스템 사용자의 요구사항들에 대해 적정하게 대응하는가?

단순해 보이는 소프트웨어의 컴포넌트에 대해서도 시행가능한 테스팅의 경우의 수는 매우 많을 수 있으므로, 모든 소프트웨어 테스팅은 주어진 시간과 자원내에서 실시가능한 테스트를 시행하기 위한 전략이 필요하다.

소프트웨어의 문제점을 찾고자 하는 의도를 가지고 소프트웨어 및 어플리케이션을 시행해보면 반복적인 과정이라는 것을 알 수 있다. 하나의 문제를 고치고 나면 새로운 문제가 나타나고, 또 하나의 문제를 잡고나면, 생각하지도 못했던 문제를 발견하고 그래서 지속적으로 반복적으로 문제를 정의하고 해결하고 확인하는, 미로를 헤매는 노력이 드는 작업을 반복해서 많이 하는 것이다.

소프트웨어 테스팅은 실행가능한 소프트웨어가 준비되는 시점에서 부터 시작을 할 수 있다. 소프트웨어 개발의 전반적인 접근방법이 언제 어떤 방식으로 테스팅을 시행할지를 결정하는 경우가 많다

예를 들면, 단계적 접근방법을 채택하여 적용하는 경우, 시스템에 대한 요구사항이 확정된 이후에 테스팅이 시행되고 테스팅을 할 수 있는 프로그램에 대해서 테스팅이 시행될 것이다. 반대의 경우 즉 매우 유연한 접근방법을(Agile Approach) 택했다면, 요구사항 정의, 프로그래밍, 그리고 테스팅이 동시적으로 진행되는 경우도 있을 수 있다

(1) 테스팅 기법에 의한 분류

소프트웨어 테스팅은 크게 정적(Static) 테스팅, 동적(Dynamic) 테스팅으로 나누어볼 수 있는데 자료조사, 프로그램 리뷰, 코드 레벨에서의 조사 등은 정적 테스팅이라고 할 수 있고, 테스팅 사례를 가지고 프로그램이 된 코드를 실제로 구동해보는 것은 동적 테스팅이라고 할 수 있다.

정적 테스팅은 프로그램을 상세하게 읽어보는 것 외에도, 프로그래밍 도구 및 텍스트 에디터 등을 동원하여 소스코드의 구조를 확인하고, 컴파일러를 이용하여 문법 및 데이터 흐름을 확인하는 것이다.

동적 테스팅은 프로그램이 구동되어지는 상태에서 수행되어진다. 동적 테스팅은 코드의 특정 부분을 테스팅하기 위해 프로그램이 100% 완성되지 않은 경우에도 시행되어지는 경우도 있다.

정적 테스팅은 확인(verification)을 포함하고 동적 테스팅은 검증(Validation)을 포함한다. 확인(Verification)은 특정 요구사항이 제대로 다 만들어졌는지에 대한 객관적 증명을 하고 시험을 해봄으로써 입증을 하는 것이다. 확인은 특정 사용도 및 어플리케이션이 충족되었는지 객관적 증명을 하고 시험을 함으로써 입증을 하는 것이다.

즉, 확인(Verification)은 소프트웨어를 제대로 만들었나 하는 관점에서 소프트웨어를 테스팅하는 것을 말한다. 즉, 사용자 요구사항을 제대로 구현했는가의 관점에서 테스팅을 하는 것이며, 검증(Validation)이란 올바른 소프트웨어를 만들었는가 하는 관점에서 소프트웨어를 테스팅하는 것을 말한다. 즉, 소프트웨어의 개발 산출물이 고객을 만족시키는지의 관점에서 테스팅을 하는 것이다.

물론 두가지 테스팅 방법 모두 소프트웨어의 품질을 높이는데 기여한다. 정적 분석의 기법 중에는 뮤테이션(mutation) 테스팅 기법이 테스트 케이스가 소스코드를 변형시킴으로서 에러를 발견할 수 있도록 되어 있는지를 확실하게 하는데 사용되어진다.

소프트웨어 테스팅 기법들은 전통적으로 화이트박스 테스팅과 블랙박스 테스팅, 그리고 그레이박스 테스팅으로 나누어지기도 한다. 이 기법은 테스트 케이스를 설계할 때 테스트 엔지니어가 취하는 입장을 표현하는데 사용되어진다.

화이트박스 테스팅은 최종 사용자에 보여지는 기능들과는 다른 내부 구조, 혹은 프로그램이 구동되는지를 테스팅한다. 화이트박스 테스팅에서는, 프로그래밍 기술만이 아닌 시스템의 내부적 시각이 테스트 케이스를 설계하는데 사용되어진다. 테스팅 하는 사람은 코드를 통하여 경로(Paths)를 시행해보고 그리고 적절한 산출물을 정하게 된다. 화이트 박스 테스팅은 소프트웨어 테스팅 과정의 유닛 레벨, 통합 레벨, 시스템 레벨에서 적용될 수 있지만, 일반적으로는 유닛 레벨에서 적용된다. 이는 유닛내에서의 경로, 통합 과정에서의 유닛 간의 경로, 시스템 레벨 테스트 중에서 서브시스템 간의 경로 등을 테스팅할 수 있다. 테스트 설계에서의 이러한 기법이 많은 에러나 문제점을 찾아낼지라도,

요구상세의 미실현 부분을 찾아내거나 요구사항에 대응한 코딩을 빠뜨린 것을 다 찾아내지는 못한다. 화이트박스 테스팅에서 사용되는 기법들에는 API 테스팅, 코드 커버리지(Code Coverage), 오류삽입 기법(Fault Injection Method), 뮤테이션(Mutation) 테스팅, 정적 테스팅 기법 등이 있다.

코드 커버리지(Code Coverage)는 블랙박스 테스팅을 포함한 여러 기법이 사용된 테스트 스위트(Test Suite)의 완벽성을 평가할 수 있다. 이는 소프트웨어팀이 테스팅이 이루어지지 않은 시스템을 검사할 수 있게 해주며 모든 중요 기능들이 테스팅되었다는 것에 대해 확신을 갖게 해주는 장점이 있다. 코드 커버리지(Code Coverage), 기능 커버리지(Function Coverage), 스테이트먼트 커버리지(Statement Coverage), 의사결정 커버리지(Decision Coverage) 등을 퍼센티지(percentage)로 표시할 수 있다.

블랙박스 테스팅은 소프트웨어를 블랙박스로 상정을 하고 소스 코드를 보지 않고 동시에 내부 구현관련 지식이 없이 단지 기능성만을 검사한다. 즉 테스팅을 하는 사람은 소프트웨어의 기능만을 아는 상태이고 그것들이 어떻게 가동이 되는지는 알지 못한다. 블랙박스 테스팅 기법은 다양하다. 경계 가치 분석(Boundary Value Analysis), All-Pairs 테스팅, 상태 변환(State Transition), 의사결정 테이블 테스팅, 퍼지 테스팅, 모델기반 테스팅, 유스케이스 테스팅, 탐구(Exploratory) 테스팅, 명세기반 테스팅(specification base testing) 등이 있다.

그레이박스 테스팅은 내부 데이터 구조 및 알고리즘에 대한 지식을 가지고 하는 것이다. 그렇지만 이 테스트를 수행하는 사람은 소스 코드에 대해 모든 접근 권한을 필요로 하지는 않는다. 입력 데이터를 조작하거나 출력 결과를 포맷(format)하는 것은 그레이박스 테스팅은 아니다. 왜냐하면, 입력과 출력은 블랙박스의 외부에 있기 때문이다.

(2) 테스트 레벨에 의한 분류

일반적으로 단위 테스팅, 통합 테스팅, 컴포넌트 인터페이스 테스팅, 그리고 시스템 테스팅. 운영 승인 테스팅 등 테스트 레벨에 의해 분류한다.

단위 테스팅(Unit Testing)은 컴포넌트 테스팅이라고도 불리며 기능 레벨에서의 코드의 특정한 부분의 기능성을 검증하는 테스트를 일컫는다. 객체지향 환경에서는 클래스 레벨이고, 최소 단위 테스트에서는 생성자(Constructor)와 소멸자(Destructor)를 포함한다.

통합 테스팅(Integration Testing)은 소프트웨어 설계에 기초해 컴포넌트 간의 인터페이스를 검증하기 위한 소프트웨어 테스팅을 총칭하는 것이다. 통합 테스팅은 인터페이스 상에서의 결함과 통합 컴포넌트 간의 상호작용 상의 결함을 도출하는 것이다. 소프트웨어가 하나의 시스템으로 작동되어질 때까지 구조적 설계요소에 대응하는 소프트웨어의 컴포넌트의 큰 부분이 통합되어지고 테스트 되어진다.

컴포넌트 인터페이스 테스팅(Component interface testing)은 실제 사례는 여러 단위, 혹은 서브시스템 컴포넌트 간의 통과 데이터의 처리를 확인하는 것에 있다. 통과된 데이터는 메시지 패킷으로 설정되며, 하나의 단위에서 만들어지는 데이터에 대해 범위 혹은 데이터 유형이 점검되고, 다른 단위로 보내지기 전에 확실성이 테스트 되어진다.

시스템 테스팅(System testing)은 End-to-end 테스팅으로서 요구사항을 충족시키는지를 검증하기 위해 모든 통합시스템을 테스트하는 것이다. 예를 들자면, 시스템 테스팅 로그온 인터페이스, 입력 및 입력 수정, 결과물 보내기 및 출력, 결과 요약 처리 및 삭제, 그리고 로그오프 등이다.

운용 승인 테스팅(Operational Acceptance testing)은 품질 관리 시스템의 일부로 제품, 서비스, 시스템 운용상의 준비도를 파악하는데 이용된다. 이 테스팅은 비기능성 소프트웨어 테스팅의 일반적 유형이고, 소프트웨어의 개발 및 소프트웨어 유지보수 프로젝트에서 주로 이용된다. 이는 시스템의 운용상의 준비도에 초점을 맞추고 있으며, 실제 가동 환경의 일부가 되기도 한다. 그러한 이유로 이 테스팅은 운용준비도 테스팅(ORT: Operational Readiness Testing), 혹은 운용준비도 및 보장 테스팅(OR&A: Operational Readiness and Assurance)으로도 알려져 있다. 운용승인 테스팅은 시스템의 비기능적(Non-Functional) 측면의 검증을 위한 테스팅에 국한되어진다는 점을 강조한다.

(3) 테스팅 유형에 의한 분류

설치 테스팅(Installation Testing)은 시스템이 제대로 설치가 되었는지 실제로 고객의 하드웨어에서 설치되어 구동되는지를 확인하는 것이다.

호환성 테스팅(Compatibility Testing)은 소프트웨어를 힘들여 만든 후, 현장에서 겪게 되는 가장 큰 어려움 중 하나로 개발된 소프트웨어가 다른 어플리케이션이나 운영체제(Operating System)에서 실행되는지 테스트하는 것이다. 실제로 설계 시 운영체제의 버전과 구동 환경의 버전이 다른 경우가 많다. 예를 들면, 호환성이 결여된 경우가 발생하는 이유는 프로그래머들이 개발하고 테스팅하는 목표 환경의 버전을 실제 고객쪽의 모든 사용자가 사용하지 않기 때문에 발생한다.

회귀 테스팅(Regression Testing)은 주요 코드 변경이 발생한 이후에 문제가 있는지 파악해 보는 것이다. 특히, 과거의 문제가 다시 발생한 것은 아닌지, 특정 기능이 취약해지거나 혹은 상실한 것은 아닌지 확인해보는 것이다. 회귀 테스팅의 일반적 방법은 과거에 고쳐놓은 문제가 다시 발생했는지 아닌지를 점검해보기 위해 테스트 사례의 과거 셋트를 다시 수행해보는 것이다. 테스팅의 범위나 깊이는 추가 기능의 위험도 및 배포(Release) 과정이 어떤 단계에 있는지에 따라 정해진다. 회귀 테스팅은 상용 소프트웨어의 개발과정에 있어서 가장 큰 테스트인 경우가 매우 많다. 과거 소프트웨어 기능에 대해 매우 상세하게 여러 가지로 테스트를 해봐야 하기 때문이다. 과거 기능들이 새로운 소프트웨어에서도 지원이 되는지 파악하기 위해서 과거 테스팅 사례를 이용해 새로운 소프트웨어가 만들어지는 경우도 있기 때문이다.

승인 테스팅(Acceptance Testing)은 명세서나 계약서에 명시된 고객의 요구사항을 만족하는지에 대한 테스로서, 사용자나 고객이 개발된 시스템을 승인할 것인지를 결정하기 위하여 만들어 놓은 사용자 필요사항, 요구사항, 비즈니스 프로세스 등에 관한 승인 척도를 만족시키는지를 결정하기 위한 공식적 테스팅이다. 실제 하드웨어 환경에서 실험실 환경을 만들어 놓고 고객에 의해서 행해지기 때문에 사용자 승인 테스팅(UAT: User Acceptance Testing)라고도 한다.

알파 테스팅(Alpha Testing)은 독립적 테스트 팀이나 잠재적 사용자 및 고객에 의한 , 설정 되어진 개발자 사이트에서 혹은 실제 상황에서의 운용 테스팅을 말한다.

베타 테스팅(Beta Testing)은 알파 테스팅 이후에 행해지는데, 외부 사용자의 승인을 위한 테스팅의 형태를 띠기도 한다. 베타 버전으로 불리우는 소프트웨어는 프로그래밍 팀 외부의 제한적 사용자에게 제공되어진다. 이렇게 함으로써 향후 소프트웨어에서의 버그나 문제점을 감소시키고, 이로 인해서 향후 테스팅이 더욱 원활하게 진행되도록 하는 측면이 있다. 베타 버전을 최대한 많은 사용자에게 제공하여 최대한이 피드백을 받기도 하고 소프트웨어의 가치를 최대한 빠르게 많은 사람에게 전달하는 기법으로 활용되기도 한다.

기능적 테스팅과 비기능적 테스팅(Functional vs non-functional testing)이 있는데, 기능적 테스팅은 코드의 특정 기능을 검증하기 위한 행위를 말한다. 이 기능적 테스팅을 통해서 "사용자가 이런 기능을 사용할 수 있는가?" "특정 기능이 가능한가?" 등의 질문에 대답을 찾아보는 것이다. 비기능적 테스팅은 확장성의 한계 및 성능의 한계가 어디인지 즉 불안정한 실행을 초래하는지를 파악하는 것이다. 즉 브레이킹 포인트(Breaking Point)를 파악하는 테스팅이다.

지속적 테스팅(Continuous Testing)은 소프트웨어 배포와 연계되어진 비즈니스 위험에 대해 즉시적인 피드백을 구하기 위해 소프트웨어의 파이프라인의 일부로서 자동화된 테스트를 실행하는 것이다. 이 지속적 테스팅은 기능적 및 비기능적 요구사항을 확인하는 것을 포함한다.

파괴 시험(Destructive testing)은 소프트웨어 서브시스템의 가동 실패를 시도해보는 것이다. 이렇게 해봄으로써, 소프트웨어의 기능들이 정확하지 않은 혹은 예상 밖의 입력 데이터에 대해서도 소프트웨어의 기능들이 제대로 구동되지를 테스트하는 것이다. 이로써, 입력자료 검증의 견고함 및 에러 관리 절차의 타당성을 만들어가는 것이다.

소프트웨어 성능 테스팅(Software Performance Testing)은 특정 부하상태에서 대응성(responsiveness)과 안정성(Stability)의 차원에서 시스템과 서브시스템이 어떻게 성능을 발휘하는지 알아보는 것이다. 이는 확장성, 신뢰성, 자원 사용도 등의 시스템 속성들을 조사하고, 측정하고, 확인하고, 검증하는 것이다. 과부하 테스팅, 성능 테스팅, 확장성 테스팅, 볼륨(Volume) 테스팅 등의 용어와 호환되어 사용되어지기도 한다.

사용편의성 테스팅(Usability Testing)은 사용자 인터페이스가 사용하고 이해하기 쉬운 지를 확인하는 것이다. 이는 주로 어플리케이션의 사용과 관련되어져 있다.

접근성 테스팅(Accessibility Testing)은 여러가지 규정에의 부합 여부를 파악하는 것이다. 장애인 관련 규정(Americans with Disabilities Act of 1990), 재배치 관련 수정 규정(Section 508 Amendment to the Rehabilitation Act of 1973), 웹에의 접근성 관련 규정 및 세계 웹 컨소시움(Web Accessibility Initiative (WAI) of the World Wide Web Consortium (W3C)) 등의 규정 등을 만족하는지를 테스트한다.

보안 테스팅(Security Testing)는 해커에 의한 시스템 침투를 막고 보안 자료를 처리하기 위한 소프트웨어에서는 매우 중요한 것이다. ISO의 정의는 테스트 항목, 관련 데이터, 정보 등이 권한 없는 자에 의해 사용되어지는 것으로부터 보호되어지는지, 부적절한 시스템이 사용하거나 읽거나 수정하는 것을 방지하는지, 동시에 권한을 가진 시스템과 사용자는 사용할 수 있도록 하는 것이 제대로 되어져 있는지를 파악하는 것을 보안 테스팅이라고 한다.

국제화와 현지화(Internationalization and localization)가 진행되어야 하는 소프트웨어의 일반적 기능들은 가상 현지화 기법을 통해서 자동적으로 테스팅 되어질 수 있다. 하지만 매우 많은 장애물이 기다리고 있을 수 있다. 통화 표기, 일자 표기, 데이터 양식의 타당성, 번역의 적정성, 용어 번역의 일관성, 헬프 스크린의 이해도, 지속적 업그레이드에 대한 정책의 타당성, 등의 어려움을 확인하는 것이다.

연습문제

1. 소프트웨어 생명주기는 요구사항 분석-설계-구현-테스팅-배포-유지보수로 구성된다. 여기에서 가장 많은 비용과 시간이 투자되는 절차는 무엇이고 이유는 무엇인가?

2. 폭포수 모델에 대하여 설명하여라.

3. 폭포수 모델과 V-모델과의 차이점에 대하여 설명하여라.

4. 도서관 관리 시스템의 유스케이스 다이어그램을 작성하여라.

5. 도서관 관리 시스템의 ER 다이어그램을 작성하여 보아라. 여기에서 Entity와 Relationship은 각자의 주관에 맞게 작성한다.

6. 동적모델링은 시간상에서의 시스템 행동유형을 표현하는데 사용되는데 ATM 기계의 시퀀스 다이어그램을 작성하여라.

7. 시스템 테스팅의 확인과 검증의 차이점에 대하여 설명하여라.

CHAPTER **7**

하드웨어와 펌웨어

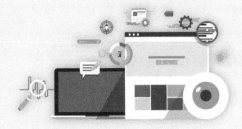

학습목표

- 기본적인 하드웨어 인터페이스 종류
- 하드웨어 인터페이스 설계 방법
- 하드웨어 구동을 위한 펌웨어 설계

상당수의 캡스톤 디자인 프로젝트가 아두이노, 라즈베리파이 같은 소형 임베디드 플랫폼 기반의 하드웨어나 개발용 도구(Kit)를 필요로 하고, 외부의 정보를 얻기 위한 센서 인터페이스가 필수적인 경우가 많아, 이에 대한 기본적인 설계 및 활용 방법을 설명한다.

7.1 하드웨어 인터페이스 개요

프로젝트를 진행하는 데 있어 대부분의 경우는 아주 간단한 형태이더라도 하드웨어를 필요로 하는 경우가 많으며, 이를 동작시키기 위해서는 하드웨어 인터페이스를 이해하고 프로그래밍하는 것이 필수적이다. 예를 들어 위치기반 서비스를 위해서는 GPS 모듈을 사용하는 것이 일반적인데, 대부분이 UART 통신 인터페이스로 동작하며, 아주 단순하게 키 입력을 받기 위해서도 키 입력 인터페이스가 없이는 불가능하다.

PC나 서버, 클라이언트 기반의 순수한 소프트웨어로 구성된 프로젝트라 하더라도, 전체적인 시스템 아키텍처측면에서 분석해보면 하드웨어 인터페이스를 사용하지 않고는 아무 것도 할 수 없는 경우가 대부분이다. 하드웨어가 없으면 소프트웨어가 존재할 수 없는 것과 비슷하다.

하지만 소프트웨어 설계자 또는 개발자는 이에 대해 무감각하기 마련인데, 이러한 필수적인 인터페이스를 사용자가 별다른 작업 없이 바로 사용할 수 있도록 드라이버(Driver), 프레임워크(Framework), 라이브러리(Library) 등의 다양한 형태로 미리 가공하여 사용자에게 제공하기 때문이다.

PC를 예로 들면, 메인보드에 중앙처리장치(CPU), 램(RAM), 디스크(Disk), 파워공급장치로 구성된 본체에 모니터와 키보드, 마우스 정도를 연결하면 이미 하드웨어로서는 완전한 구성을 갖추게 되는데, 하드웨어 자체는 좀 더 복잡한 임베디드 보드일 뿐이지만 여기에 BIOS를 포팅하고, 윈도우와 같은 OS를 설치하면 여러분이 쉽게 사용할 수 있는 PC로서 동작한다. PC는 아주 다양한 용도로 사용하기 위해 사실상 표준화된 인터페이스들을 주로 사용하기 때문에 대부분의 경우 OS에서 제공하는 드라이버만으로 잘 동작하는 경우가 많지만, 좀 더 특별한 하드웨어(예:고성능 그래픽 카드)를 필요로 하는 경우 전용의 드라이버를 설치하지 않으면 물리적으로 연결을 했다고 해도 제대로 동작하지 않는다.

이러한 하드웨어 인터페이스를 동작시키기 위해 필요한 것이 앞에서도 언급한 드라이버인데, 윈도우 같은 OS를 설치할 수 없는 아주 작은 임베디드 보드의 경우는 펌웨어라는 형태로 인터페이스를 동작시켜야 한다. 물론 임베디드 리눅스나 임베디드용의 RTOS를 사용하는 경우도 있지만, 큰 범주에서는 이러한 OS들도 펌웨어라고 볼 수 있다.

이러한 하드웨어 인터페이스는 상당히 많은 종류가 있지만, 캡스톤 디자인 프로젝트에서는 아두이노, 라즈베리파이 같은 소형의 임베디드 보드를 주로 사용하게 되며, 여기에서 주로 쓰이는 인터페이스는 아래 표와 같다.

〈표 1〉 임베디드보드에서 자주 사용되는 하드웨어 인터페이스 종류

명칭	Long Name	설명
UART	Universal Asynchronous Receiver/Transmitter	보통 직렬(Serial) 통신이라고 부르며, 미리 약속된 Baudrate로 동작
I^2C	Inter Intergrated Circuit	필립스에서 개발한 집적회로(IC) 간 통신 인터페이스 규격
SPI	Serial Peripheral Interface	모토로라에서 개발한 통신 인터페이스 규격
USB	Universal Serial Bus	표준화된 범용의 고속 직렬(Serial) 통신 규격으로 Intel, Microsoft, IBM등 7개 기업이 개발한 규격
CAN	Controller Area Network	독일 BOSCH에서 개발한 차량 통신 네트워크용 규격이지만, 산업용으로 확대되어 다양하게 사용
I^2S	Inter IC Sound	필립스에서 개발한 디지털 오디오 통신 인터페이스
Ethernet	이더넷(Ethernet)	이더넷 통신 인터페이스

(1) UART

가장 기본적인 비동기 시리얼 통신 인터페이스로서 굳이 통신을 위해서만이 아니라 임베디드 보드 관련개발 시 원활한 디버깅을 위해서라도 제일 먼저 구현해야 할 통신 인터페이스이다.

보통 RS-232C 규격의 송수신기(Transreceiver)와 함께 사용하여 표준적인 시리얼 통신을 구현하지만, 하드웨어 보드 내부 통신이나 수십cm 이내의 가까운 거리 통신 또는 특별히 중요하지 않은 통신의 경우 Transreceiver를 사용하지 않고 바로 연결하여 사용하기도 하는데, 이러한 경우 통상적으로 TTL레벨로 통신한다는 표현을 사용한다.

좀 더 신뢰도를 높이고 여러 기기와의 통신을 위해 RS-422/485 규격의 Transreceiver를 사용하여 구성할 수도 있는데, 이는 본 책에서는 다루지 않는다.

일반적으로 임베디드보드에 사용되는 MCU(Micro Controller Unit)에서는 적어도 1개 이상의 UART를 지원하며, 이를 이용하여 외부장치와 통신하는데 주로 사용한다.

위치 기반 서비스에서 많이 쓰이는 GPS 모듈의 경우 대부분 UART 통신 인터페이스를 제공하며, 프로토콜 규격은 데이터시트 등의 형태로 제공하는데, 아두이노나 라즈베리파이의 경우 많은 예제들을 손쉽게 구할 수 있어 편리하다.

MCU를 사용하는 프로젝트에서 프로그램 내부의 변수값이나 상태값, 센서값 등을 확인하고자 할 때 디버깅 메시지(보통 printf()를 활용)를 UART로 확인하면서 진행하는 것이 일반적이다.

UART 통신은 미리 서로 약속된 Baudrate와 Parity, Start, Data, Stop bit 규격으로 통신해야 하며 이것이 맞지 않거나 Baudrate가 허용 오차 이상으로 불안정할 경우 정상적인 통신이 불가능하다.

보통 표준적인 Baudrate를 사용하는데, 1200, 2400, 4800, 9600, 19200, 28800, 38400, 56200, 115200 bps 정도를 표준적으로 지원하며, 하드웨어 특성에 따라 230400bps 이상의 속도를 지원하는 경우도 있다.

(2) I²C

I²C(Inter Intergrated Circuit)는 이름에서 알 수 있듯이 하드웨어의 주요 구성요소인 집적회로(IC) 간의 통신을 위해 만들어진 통신 인터페이스 규격으로 2개의 선을 사용하여 여러 개의 집적회로(IC) 간 통신을 해결할 수 있다.

2개의 선은 각각 데이터(Data)와 클락(Clock)에 해당하는데, 클락(Clock) 기반의 통신이므로 동기(Synchronous) 통신규격이며 1개의 Data라인만 가지고 있으므로 반이중(Half Duplex) 통신만 가능하다.

하나 이상의 마스터(Master)와 하나 이상의 슬레이브(Slave)로 구성할 수 있는데, 보통 시스템 구성 시 마스터(Master)는 1개만 사용하는 것이 일반적이다.

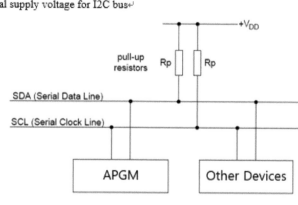

[그림 1] I²C Interface

I2C의 표준 통신속도는 저속모드의 경우 100Kbps, 고속모드의 경우 400Kbps인데, 1Mbps의 속도를 지원하는 경우도 있다.

기본적인 통신회로는 아래 그림과 같으며, 반드시 2개의 선에 풀업저항(Pull-up resistor)이 필요한데, 통신 속도에 따라 필요한 저항(resistor) 값이 달라질 수 있으나 통상적으로 4.7Kohm을 사용하면 대부분의 경우 정상적인 통신이 가능하다. 만일 통신이 불안정할 경우에는 해당 IC의 데이터 시트를 참고하거나, 필립스에서 제공하는 규격문서를 참고하여 적당한 저항(resistor) 값을 찾아야 한다.

상당수의 센서나 LCD, 기타 모듈 등이 I^2C 인터페이스로 구성되어 있으며, 7bit의 슬레이브 주소(Slave address)와 명령데이터(Command Data) 전송 프로토콜(Protocol)을 알아야만 통신할 수 있으므로, 사용하는 제품의 데이터시트나 참고 소스 코드(Reference Source Code)를 통해 확인해야 한다.

(3) SPI

I^2C 통신 인터페이스와 유사한 면이 있지만, I^2C 통신 인터페이스의 단점이라고 볼 수 있는 반이중(Half Duplex) 통신과 최대 1Mbps 통신 속도를 개선하여 더 빠른 고속 통신(일반적으로 10Mbps 이상)을 지원하고, 전이중(Full Duplex) 통신이 가능하며, 칩선택(Chip Select) 라인을 통해 명시적으로 사용하고자 하는 집적회로(IC) 또는 모듈(Module)을 선택할 수 있다.

통신 선로 구성은 MISO(Master Input Slave Output), MOSI(Master Output Slave Input), SCLK(SPI Clock), SS(Slave Select)의 4개로 구성되는 것이 일반적인데, 명칭에서 알 수 있듯이 마스터-슬레이브(Master-Slave) 구조로 동작하며, 슬레이브(Slave)를 2개 이상 사용할 경우에는 슬레이브(Slave) 1개당 선택(Select) 선을 1개씩 추가로 할당해야 한다. 이는 보통 추가적인 GPIO 제어를 통해 해결하는 것이 일반적이다.

MISO와 MOSI가 별도로 존재하기 때문에, 송신과 수신이 동시에 이루어질 수 있는 구조이며, 클락(Clock)의 엣지(Edge)와 극성(Polarity)을 조합하여 4개의 동작모드가 존재하는데, 어떤 동작모드를 사용해야 하는지에 대해서는 보통 슬레이브(Slave)의 데이터 시트를 참조하여, 가능한 통신방식으로 마스터(Master)가 동작하도록 프로그래밍 하여야 한다.

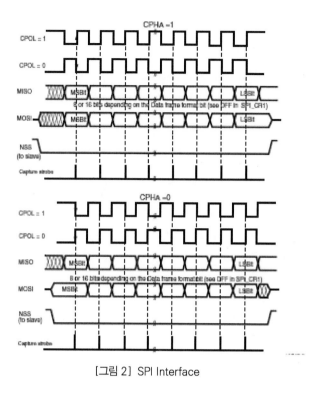

[그림 2] SPI Interface

A) Mode 0 : Rising Edge with No Delay for sampling

B) Mode 1 : Falling Edge with Delay for sampling

C) Mode 2 : Falling Edge with No Delay for sampling

D) Mode 3 : Rising Edge with Delay for sampling

동작 모드별 자세한 동작 파형은 사용하는 MCU마다 의미상의 차이가 있으므로, 정확한 내용은 사용하는 임베디드 보드에 사용된 MCU 또는 AP(Application Processor)의 데이터시트를 참조한다.

(4) USB

1996년 처음 USB 1.0 표준 규격이 발표된 이후 개선을 거듭하여 현재 USB 3.1까지 진화하였으나, 실제 임베디드 보드에서는 MCU의 최대 동작 클락(Clock) 보다 높은 속도(speed)로 동작하는 것은 사실상 불가능하므로, USB 2.0까지만 지원하는 것이 일반적이며, 통신 속도도 보통 전속력(Full speed) 12Mbps 까지만 지원한다.

크게 USB 호스트(Host)와 USB 기기(Device) 동작모드로 나누어지는데, USB Device
로 동작할 때는 주로 MSC(Mass Storage Class)나 VCOM(Virtual COM Port)로동작하여
PC등의 장치에 접속하며, USB 호스트(Host)로 동작할 때는 해당 보드에 USB 저장장치
(Storage) 등의 장치를 접속하고자 할 때 사용한다.

(5) CAN

대부분의 자동차내부 통신 인터페이스는 CAN 통신이라고 보아도 무방할 만큼 자동차
네트워크에서는 필수적인 통신 인터페이스인데, 통상적인 CAN 송수신기(Transreceiver)
의 경우 2선의 꼬임선(Twisted Pair) 선만으로 하나의 버스라인에 최대 110개까지의 노
드 연결이 가능한데, CAN 송수신기(Transreceiver)의 종류에 따라 최대 노드 수는 달라
진다.

크게 저속(Low Speed) (40Kbit/s ~125Kbit/s)과 고속(High Speed) (~1Mbit/s)로 분류
되며 저속(Low Speed)의 경우 LSFT(Low Speed Fault Tolerant)라고도 불린다. 이름에
서도 알 수 있듯이 이상 상황에 대한 대비책을 포함하고 있는 규격으로 차량 통신 네트
워크에서 안전성과 신뢰성이 반드시 필요한 부분(엔진, 조향, 제동장치 등)에 주로 사용
되며, 고속(High Speed)의 경우는 안전성과는 비교적 무관하고 데이터 전송량이 많은
멀티미디어 망(Multimedia Network) 등에 사용된다.

(6) I²S

펄스부호 변조(PCM) 데이터 같은 디지털 오디오 신호를 전송하기 위한 통신 인터페
이스로서 TX, RX, CLK, FS(Frame Sync)의 4개의 선으로 구성되어 있으나, 보통은 단방
향으로만 사용하기 때문에 TX 또는 RX 중 하나의 선만 사용하여 3선으로 구성하는 경우
가 많다.

클락(Clock)의 극성(Polarity)과 데이터 비트(Bit)열 길이 등에 따라 동작모드가 달라
지므로, 사용하는 오디오 IC의 데이터시트를 참조하여 적절한 포맷(Format)으로 동작하
도록 MCU 프로그래밍을 수행하여야 한다.

(7) Ethernet

일반적으로 알고있는 PC기반의 Ethernet 통신과 동일하나, 임베디드 보드나 MCU에

서 사용하는 것은 좀 더 경량화 된 집적회로(IC)를 사용하며, 원칙적으로 사용하는 Ethernet Phy IC와 이더넷 컨트롤러(Ethernet Controller)의 데이터 시트에 준하여 모든 프로그래밍을 수행하여야 하지만, 현실적으로 집적회로(IC) 제조사 또는 모듈 제조사에서 제공하는 참고 소스코드(Reference Source Code)를 입수하여 포팅(Porting)하여 사용한다.

일단 포팅(Porting)이 완료되면, 하드웨어 인터페이스를 구동하기 위한 드라이버가 준비되었다고 이해하면 되며, 이후에 필요한 프로토콜 스택(UDP, TCP/IP등)을 추가적으로 포팅(Porting)하거나, 스택이 포함된 RTOS를 사용하여 소켓(Socket) 통신 등을 수행한다.

요즈음에는 MCU가 고속 및 고성능화되면서 이더넷 컨트롤러(Ethernet Controller)를 내부 Peripheral로 포함하고 있는 제품이 많이 출시되어 일반적으로 외부에는 이더넷 물리 집적회로(Ethernet Phy IC)만 추가하여 구성하는 경우가 많으며, 이러한 MCU는 보통 소켓(Socket) 통신 예제들을 제조사 차원에서 제공하므로 이를 사용하는 것을 권장한다.

라즈베리파이의 경우에는 완전한 이더넷(Ethernet) 통신 환경을 OS 차원에서 제공하고 있으므로, 이를 이용하면 비교적 손쉽게 이더넷(Ethernet) 통신 인터페이스를 구현하여 사용할 수 있다.

아두이노 보드나 원칩 MCU를 사용하는 경우에는 이더넷(Ethernet) 관련 프로토콜 스택이 포함되어 독립형(Standalone) 형태로 동작하는 완전한 이더넷(Ethernet) 인터페이스 모듈형 제품이 출시되어 있는데, 일반적으로 UART나 SPI, SDIO등의 인터페이스를 제공하고 있으므로 해당 인터페이스를 이용하여 통신한다.

7.2 하드웨어 인터페이스 설계

캡스톤 디자인 프로젝트에서 하드웨어 인터페이스 회로 자체를 설계하는 것은 필요한 범위를 넘어서는 것으로 보기 때문에, 가능한 한 동작이 검증된 모듈형태의 인터페이스를 이용하는 것을 전제로 하여, 이를 실제 임베디드 보드 또는 MCU에 연결하여 동작시키기 위해 고려해야 할 전기 및 전자적 기초 내용을 중심으로 전체시스템을 구성하는 설계방법에 대해 설명한다.

■ 설계 고려사항

하드웨어 자체를 설계하지는 않더라도, 부분품 형태로 따로 존재하는 메인보드, 센서 모듈, Key, LED, LCD모듈 등을 조합하여 프로젝트에 필요한 형태로 구성하기 위해서는 아래와 같은 사항을 고려하여 각 부분품을 선정하고, 설계에 반영해야 한다.

(1) 전원

사용하는 메인보드의 전원 전압과 소모 전류량부터 확인해야 하는데, 설명서나 데이터시트가 제공되는 경우에는 이를 참고하도록 하고, 제공되는 자료가 없을 경우에는 웹서핑을 통해 검색하면 쉽게 정보를 찾을 수 있다.

이를 바탕으로 가능한 한 전원 전압이 동일한 인터페이스 장치를 선택해야 예기치 못한 회로 손상을 방지할 수 있는데, 일반적으로 많이 사용되는 전압에 대한 사용 가능 여부는 아래 표를 참고한다.

〈표 2〉 전원 전압의 차이에 따른 인터페이스 가능 여부

메인보드 사용 전압	외부 인터페이스 사용 전압	사용가능 여부	설명 및 해결 방법
5V	3.3V	확인 필요	외부 인터페이스 스펙을 확인하여 5V전원으로도 동작가능하면 바로 사용 가능하다. 만일 3.3V로만 동작한다면, 3.3V를 공급할 전원 회로만 추가하면 메인보드와의 신호선 연결은 직접 연결하여도 별다른 문제없이 동작한다.
5V	5V	가능	
5V	5V 초과	추가회로 필요	외부 인터페이스용의 전원 회로를 추가해야 하며, 메인보드와의 신호선 연결은 가능한 경우가 대부분이지만, 스펙 확인결과 불가능하다면 계전기(Relay)나 트랜지스터(Transistor), FET 등의 부품이 사용된 모듈을 이용하여 연결해야 한다.
3.3V	3.3V	가능	
3.3V	5V	확인필요	외부 인터페이스 스펙을 확인하여 3.3V 전원으로 동작 가능하면 바로 사용 가능하다. 만일 5V로만 동작하면, 5V 전원 공급 회로를 추가하면 메인보드와의 신호선 연결은 직접 연결하여도 대부분의 경우는 문제없이 동작한다. 최근 사용하는 대부분의 MCU는 5V Tolerant 특성을 가지고 있기 때문이다.
3.3V	5V 초과	추가회로 필요	외부 인터페이스용의 전원 회로를 추가해야 하며, 메인보드와의 신호선 연결은 가능한 경우가 대부분이지만, 스펙 확인결과 불가능하다면 계전기(Relay)나 트랜지스터(Transistor), FET 등의 부품이 사용된 모듈을 이용하여 연결해야 한다.

전압 외에 고려해야할 사항은 회로에서 소모하는 전류량이다. 일반적으로 전체 회로가 소비하는 전류량보다 큰 전류량을 공급할 수 있는 전원장치를 사용하면 문제없이 사용할 수 있다.

전체 회로가 소비하는 최대 전류량은 메인보드와 각 모듈 또는 집적회로(IC)가 소비하는 최대 전류량을 모두 더하면 된다.

> 예   메인보드 전원 전압 = 5V
>
> 메인보드 최대 소모 전류량 = 0.5A
>
> 센서 모듈 전원 전압 = 5V
>
> 센서 모듈 최대 소모 전류량 = 0.1A
>
> GPS 모듈 전원 전압 = 5V
>
> GPS 모듈 최대 소모 전류량 = 0.3A
>
> --
>
> 전체 회로 최대 소모 전류량 = 0.5A + 0.1A + 0.3A = 0.9A
>
> 필요 전원 공급 장치의 규격 : 전압 5V, 전류 0.9A 이상

(2) 인터페이스 가능 여부

전기 및 전자적으로 하드웨어만 검토하였을 때는 상호연결이 가능할 것으로 보이지만, 인터페이스 규격이나 프로토콜이 맞지 않으면 펌웨어로 구현이 불가능하여 사용하지 못하는 경우가 있을 수 있다. 앞에서 설명한 인터페이스 종류별로 고려해야할 사항을 아래 표에 설명한다.

〈표 3〉 하드웨어 인터페이스 종류별 설계 시 고려사항

종류	고려사항
UART	• 대부분의 MCU는 거의 모든 Baud rate를 지원하지만, 인터페이스 IC나 모듈의 경우는 제한적으로 지원하는 경우가 많다. 반드시 스펙 문서를 통해 확인해야 하며, 시작(Start), 중단 비트(Stop bit) 사용 여부와 페리티 비트(Parity bit) 사용여부도 함께 확인해야 한다. • 인터페이스 모듈이 지원하는 UART 규격이 RS-232 규격인지 TTL규격인지 확인해야 한다. • 위 사항이 해결이 되더라도 UART통신으로 주고받는 데이터의 프로토콜이 맞지 않으면 통신이 불가능하다. 대표적으로 GPS모듈의 경우는 대부분 NMEA프로토콜에 의해 통신을 하는데, 이에 대응하는 코드를 포함해야 한다. 따라서 필요한 프로토콜 규격을 확보해야 한다.

종류	고려사항
I²C	• 인터페이스 집적회로(IC)나 모듈의 I2C Address를 알아야만 통신이 가능하므로 반드시 확인해야 한다. • 통신 프로토콜을 스펙문서를 통해 확인하고, 이에 맞춰 통신해야만 원하는 동작을 할 수 있다. 대부분의 경우 Command/Data Protocol을 자세히 설명하고 있는데 이에 대한 이해가 필요하다. • 여러 개의 I2C 장치를 사용한다면, 서로 다른 슬레이브 주소(Slave Address)를 가져야만 정상적인 동작이 가능하다. 이러한 설계가 가능한지 여부를 확인해야 한다.
SPI	• SPI 동작모드가 4가지인데, 모듈 또는 집적회로(IC)가 어느 동작모드에서 정상 동작하는지 스펙 문서를 통해 확인한다. • 통신 프로토콜(Protocol)을 이해하고 코딩해야 한다. • 여러 개의 SPI 장치를 접속할 경우 각각의 장치별로 선택(Select) 신호를 연결해야 하고 이를 적절한 타이밍으로 제어해야 한다.
USB	• USB라인은 기본적으로 꼬임선(Twisted Pair) 데이터 라인으로 통신하므로, 선 연결 시 반드시 데이터 라인이 꼬임선(Twisted Pair)으로 연결되거나 나란히 붙어 있는 형태여야 정상적인 통신이 가능하다. • USB통신은 표준 규격화되어 있어 통신에 필요한 소스코드가 제조사로부터 제공되는 것이 일반적이다. 소스코드가 없으면 사실상 사용이 불가능하므로, 미리 확인한다. • MCU나 메인보드에서 USB Host 기능을 제공한다고 해도, 필요한 USB Class 동작 프로토콜이 없으면 정상 동작이 불가능하다. 필요한 프로토콜이 포함되어 있는지 확인한다.
CAN	• CAN통신 프로토콜 규격을 모르면 사실상 통신이 불가능하므로, CAN통신의 대상이 되는 장치의 프로토콜 확보가 필수적이다.
I²S	• 사운드 IC 또는 모듈의 스펙문서에 표기된 신호 포맷 확인이 반드시 필요하다. 포맷이 맞지 않으면 아무 소리도 나지 않거나 잡음 같은 이상한 소리만 출력될 것이다.
Ethernet	• 프로토콜 스택을 확보하지 않으면 사실상 무용지물이다.

■ 설계 방법

원칙적으로 하드웨어 인터페이스 설계는 아무리 간단한 형태라고 하더라도 회로도 작성에 준하는 설계 도면을 작성하는 것이 바람직하다. 하지만, 이를 위해 회로도 작성용 CAD를 사용한다든지, 회로도 작성을 위한 추가적인 지식을 학습하는 것은 캡스톤 디자인 프로젝트를 수행하는 데 있어서 여러 가지로 어려움이 있으므로, 이를 간단한 블록 다이어그램(Block Diagram) 형태를 이용하여 설계하는 방법을 제시한다.

하지만 간단한 저항, LED 등은 실제 회로도에서 사용하는 기호(Symbol)를 그대로 사용하는 것이 유용하므로, Block으로 표현하지 않도록 한다.

■ 설계 예제

아래와 같은 요구사항을 해결하기 위한 간단한 시스템을 설계해보자.

A) 동작상태를 표시하기 위한 LED 2개

Run : 이벤트(Event) 발생 시 처리 동작 중임을 표시

Status : 시스템이 동작 중임을 표시

Power Off 상태에서는 2개 모두 Off

B) Power On/Off를 위한 Push Switch 1개

Power On 상태에서 2초간 누르고 있으면 Power Off

Power Off 상태에서 2초간 누르고 있으면 Power On

C) 충격(Shock) 감지를 위한 충격감지 센서 1개

Power On 상태에서만 감지

D) 디버깅을 위한 UART 출력

printf()함수를 사용하여 115,200bps로 PC의 직렬 터미널(Serial Terminal) 창으로 디버깅 메시지를 출력하여 현재 시스템 상태나 입력값 등을 확인한다. 표준적인 RS-232C 장치와 연결되어야 한다.

이 시스템은 차량용 충격 감지장치를 단순화한 것으로 실제 차량용 충격 감지 장치에서는 좀 더 복잡한 형태로 발전시켜 사용하고 있지만, 근본적인 동작은 다르지 않다.

위 요구사항을 시스템 설계적인 측면에서 하나씩 분석해 보면 아래와 같이 구성할 수 있다.

① LED 2개는 MCU에서 GPIO(General Purpose Input Output) port를 1개씩 할당하여 구현한다.

② 푸쉬 스위치(Push Switch)는 2초 이상 누르고 있을 경우에만 상태전환(State Transition)을 처리해야 하므로, 내부적으로 타이머(Timer)를 이용하여 스위치(Switch)가 On 되어있는 시간을 측정해야 한다.

③ 충격(Shock) 감지를 위한 충격감지 센서는 충격에 대해 바로 동작해야 하므로 인터럽트로 처리하는 것이 바람직하다.

④ UART 출력을 위해 내부 UART 기능을 활성화해야 하며, RS-232C 장치와 접속하기 위해서는 RS-232C 송수신기(Transreceiver)가 추가되어야 한다.

위와 같이 시스템 하드웨어 구성이 되고나면 이를 설계도로 표현해야 한다. 상기 시스템을 전기적인 부분까지 추가하여 블록 다이어그램(Block Diagram)으로 표현하면 다음 그림과 같다.

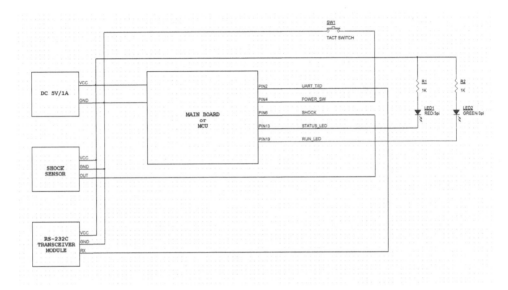

[그림 3] Block Diagram 으로 표현한 인터페이스 하드웨어 회로 설계도

7.3 펌웨어 설계

펌웨어는 일반적인 소프트웨어와는 다르게 대부분의 경우 그래픽 사용자 인터페이스 (GUI)는 배제하고 C언어를 사용한 코딩으로 진행한다. 또한 인터럽트(Interrupt)와 타이머(Timer) 기반의 동작 구조가 일반적인데, 이러한 동작 구조상 특징으로 인해 펌웨어는 Usecase Diagram과 같은 형태로는 적절한 설계를 진행하기가 어렵다.

따라서 펌웨어 설계 시에는 UML 중에서도 상태 다이어그램(State Diagram)을 중심으로 설계를 진행하는 것이 바람직하며, 이유는 다음과 같다.

① 펌웨어는 무한루프를 수행하면서 중간에 필요한 시점에 필요한 동작을 해나가는 구조이기 때문에 상태(State)가 없는 시스템으로 만들기가 어렵다. 절대 불가능한 것은 아니지만, 지극히 단순한 동작만을 위한 시스템이 아닌 이상 상태 없는 (Stateless) 시스템으로 만드는 것은 상당히 힘든 작업이다.

② 잘 설계된 상태(State)와 상태 전환(State Transition)을 이용하면 직관적으로 전체 프로그램 구조를 확인하고 예외상황과 모호한 상황을 비교적 손쉽게 예측 및 분석할 수 있어 오류 가능성이 줄어든다.

③ 펌웨어의 유지보수가 쉬워진다. 전체적으로 상태(State) 기반으로 구성되었기 때문에 기능 추가 및 제거가 필요한 경우에도 근본적인 구조를 변경하지 않고 상태(State)와 상태 전환(State Transition) 추가 및 제거만으로 해결할 수 있다.

앞 장에서 설계했던 충격 감지 장치의 펌웨어 설계를 상태다이어그램(State Diagram)으로 표현하면 아래 그림과 같다.

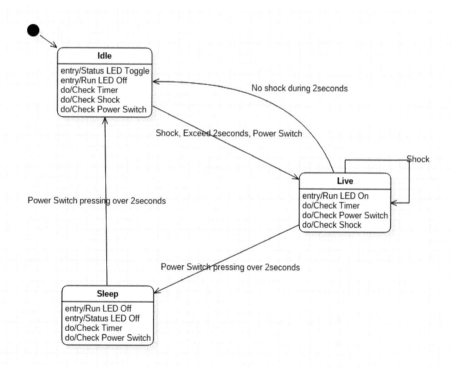

[그림 4] 상태 다이어그램(State Diagram) 예제

연습문제

1. UART 통신은 미리 약속된 Baudrate으로 통신한다. Baudrate은 무엇을 의미하는가?

2. I²C통신의 단점은 반이중(Half Duplex)통신방식이다. 반이중 통신방식은 무엇이고 이를 극복하기 위한 방법은 무엇인가?

3. 하드웨어 설계시 소비전압 뿐만 아니라 소비 전류를 고려하여야 한다. 소비 전류를 고려하여야 하는 이유는 무엇인가?

4. 펌웨어 설계시 상태다이어그램으로 설계하는게 바람직하다. 이유는 무엇인가?

CHAPTER **8**

무한상상공간

- 무한상상공간 개념
- 무한상상공간과 캡스톤 디자인과의 관계
- 무한상상공간 사례를 통한 활용

무한상상공간의 개념과 왜 무한상상공간이 중요하고 필요한지를 본 장에서 살펴보고, 캡스톤 디자인과의 관계와 역할들의 중요성을 다시 한번 학습자들이 인지하고 상기할 있도록 하며, 실제 무한상상공간의 사례들을 살펴본 후 향후 학습자들이 활용할 수 있는 기반이 되도록 하고자 한다.

8.1 무한상상공간이란?

현재 정부가 창조경제 실현을 위한 하나의 방법으로 상상력과 창의력을 통한 다양한 아이디어 창출의 기반이 되는 무한상상 사업을 진행하고 있다. 과학기술정보통신부, 한국과학창의재단, 교육부, 문화체육관광부, 산업통상자원부, 특허청, 우정사업본부 등 각 부처의 적극 참여를 통해, 전국 단위의 무한상상 공간 인프라 기반을 구축하고 있다.

2013년 미래창조과학부가 무한상상 개념을 구상할 때 스토리텔링 클럽, 상상과학교실, 아이디어 클럽의 운영을 통해 상상 및 창의활동을 지원하고, 우수 아이디어 시상, 아이디어 오디션, 무한상상 아이디어 페어, 그리고 과학자의 아이디어 뱅크를 통해 아이디어를 발굴하고 관리하는 역할을 하며, R&D를 통한 기술개발, 특허출원, 사업화, 창업, 그리고 일자리 창출 등을 통해 발굴된 아이디어를 활용하고자 하는 운영체계를 가지고 출발하였다.(노영희, 도서관 무한창조공간 구축 및 운영모형 제안에 관한 연구에서 발췌)

무한상상은 과학관, 도서관, 주민센터 등 생활공간에 설치되는 창의적인 공간으로 국민의 창의성, 상상력, 아이디어를 발굴하고, 이러한 아이디어를 기반으로 시험 · 제작을 하거나 UCC제작 · 스토리 창작 등을 할 수 있는 공간이다.

[그림 1] 무한상상공간의 개념

또한 현재 대학들이 소통과 창조, 창의 중심의 대학 캠퍼스를 조성하기 위하여 다양한 형태로 무한상상공간을 구축하고 현 시대에 적합한 융합형 창조 인재를 양성하기 위하여 많은 노력과 지원을 아끼지 않고 있다.

8.2 무한상상공간의 필요성 및 중요성

무한상상공간은 국민 모두가 창의적인 생각과 상상력을 발휘하고 구현할 수 있도록 여건을 조성하여 국민의 상상력을 결집하고 아이디어 창출을 촉진하도록 기여하고자 하며 또한 과학기술 및 정보통신기술의 밑거름이 되는 창의력과 상상력을 통해 새로운 부가가치를 창출할 수 있도록 지원하는 것에 중점을 두고 있다.

이러한 정부차원의 창조경제 실현 방안 중 하나의 방법으로 교육기관내에도 무한상상공간을 구축하여 교육시설내의 다양한 인재들이 창의력과 상상력을 키워나갈 수 있도록 뒷받침하고 있다. 무한상상공간은 창의적인 인재양성을 위한 발판이 될 수 있기에, 그 역할을 필요로 하며 중요시되고 있다.

이러한 필요성과 중요성을 기반으로 한 무한상상공간은 사람이 생각하고 상상하는 것들을 현실화시키고 구체화시키기 위한 물리적 공간이다. 무한상상공간은 창의적 사고들을 현실화시키기 위한 구체적인 제작 장비들과 활동할 수 있는 공간을 제공함으로써 아이디어를 기획하고 실현하기까지 필요하고 다양한 역할을 담당하게 된다.

8.3 무한상상공간과 캡스톤 디자인의 관계

무한상상공간은 상상을 현실로 만들어 볼 수 있는 실험ㆍ창의공간이기 때문에 캡스톤 디자인과 같이 학생들의 공학적 사고를 배양하여 아이디어를 결과로 도출해내는 체계적 과정에서는 그 기반이 되어주는 공간이라고 할 수 있다. 따라서 학생들의 머릿속에서만 맴돌던 아이디어를 멘토인 교수 및 전문 지도진의 교육 프로그램을 통해 시각화하여 완성된 결과물로 도출해내는 교육과정인 캡스톤 디자인과 무한상상공간은 많은 관계성을 가지고 있다.

캡스톤 디자인 교과목은 학생들이 각자의 창의적 사고를 적극적으로 활성화 하여 많은 토론과 상상력을 통해 새로운 과제를 기획하고, 또 과제를 수행하는 과정에서 일어나는 문제점들을 공학적, 논리적 사고를 통해 학생 스스로가 문제점에 대한 답을 찾아 해결할 수 있도록 하며, 사회에서 활용 가능한 실무적 능력을 갖춘 창의적 인재로 양성될 수 있도록 하는 것에 목적이 있다.

이러한 이유로 종합설계 교과목인 캡스톤 디자인의 하드웨어적 기반이 되어, 학생들의 창의력을 시각화된 결과물로 구체화시킬 수 있는 무한상상공간은 창의적이고, 공학적 사고가 체계화된 창조 인력 양성에 기여할 수 있을 것으로 기대된다.

8.4 무한상상공간 실제 사례

머릿속에서만 맴돌던 다양한 아이디어를 전문가의 도움을 통해 체계적으로 기획하고 디자인하면서 완성된 하나의 작품으로 또는 스토리로 창작해보는 창작공간을 무한상상실 또는 무한상상공간이라고 한다.

무한상상공간은 정부에서 지원하여 공공형으로 운영하는 곳들도 있고, 유료로 운영되는 곳들도 있다. 국내 뿐만 아니라 해외에서도 개인 또는 사고가 같은 사람들이 모여 아이디어를 완성도 높은 창의적 결과물로 이끌어 낼 수 있도록 지원하는 공간을 구성하여 유·무료의 다양한 형태로 많은 사용자들에게 제공되고 있다.

이러한 무한상상공간들이 해외나 국내에서는 어떠한 형태로 지원되고 있으며 특징들은 무엇인지 간단하게 살펴보고자 한다.

(1) 해외 사례

무한상상공간은 미국의 MIT의 '팹랩(Fab Lab)', 실리콘밸리의 '테크숍(Tech Shop)' 등을 벤치마킹하여 개인의 창의적 아이디어를 발전시켜 시제품이나 스토리로 실현할 수 있도록 지원하는 창작 공간이다.

① 미국의 Fab Lab(Fabrication Laboratory)는 누구나 레이저 커터, CNC라우터, 3D 프린터 같은 디지털 제작장비를 통해 자신의 아이디어를 시제품으로 구현할 수 있도록 하는 공공의 제작공간을 말하며, MIT 미디어랩에서 처음 시작하여, 현재 36개국 130개소가 운영 중에 있다.

② Tech Shop은 미국의 일반인을 위한 공동 작업장으로 고가의 연구 및 제조설비, 각종 소프트웨어들과 작업공간을 갖춘 발명가들의 놀이터 같이 체인점 형태로 운영되어 사용자들이 한달의 일정한 금액의 비용을 지불하여 다양한 공작기계를 이용할 수 있도록 미국 6대 도시에서 운영 중에 있다.

③ 네덜란드 아멀스푸르트(Amersfoot) 팹랩은 공공형 팹랩으로 개인 사용자를 대상으로 매니저들이 자원봉사하며 초보자들에게 도움을 주어 다양한 결과물들을 도출할 수 있도록 운영하고 있다.

④ 일본에서는 작업장과 카페가 결합한 이색 작업장 '팹카페(Fab Cafe)'가 문을 열어 레이저 절삭기와 3D프린터 등을 갖춰 일정 금액을 지불하면 누구나 제작에 참여할 수 있도록 운영하고 있다.

(2) 국내 사례

국내의 무한상상공간은 미래창조과학부의 지원을 통해 다양한 곳에서 무한상상실이라는 타이틀로 운영되고 있으며 많은 기관들이 정부의 지원없이도 여러 형태로 무한상상공간을 운영하고 있다. 미국의 팹랩과 같이 국내에서도 스타트업을 꿈꾸는 많은 창업인들과 아이디어를 실제 제품으로 구현하고픈 욕망을 지닌 일반인과 학생에 이르기까지 다양한 연령층, 직업군들이 활용하고자 한다.

① 이화여대 MakeZone FABLAB(팹랩)은 3D프린터와 CNC, 디지털 제작장비 들을 누구나 아이디어만 있으면 많은 비용을 지불하지 않고도 구현할 수 있는 저작자들의 공간이며, 주기적으로 3D프린터 관련 워크샵과 아두이노 워크샵을 통해 이용자들이 활용할 수 있는 기술들을 다양한 형태로 교육이 진행되고 있다.

[그림 2] MakeZone FABLAB 내부모습(출처: http://makezone.co.kr/)

② 서울 금천구의 '금천구 무한상상 스페이스'는 청소년들의 상상력과 아이디어를 현실로 만들어주는 공간으로 이곳에선 예술가, 전문가 등 기존의 제작자가 아닌 일반 주민 누구나 손쉽게 자신만의 아이디어를 3D프린터나 레이저커터 등 디지털 장비를 이용해서 제작할 수 있다.

[그림 3] 금천구 무한상상실(출처:http://www.geumcheon.go.kr)

③ 한국교통대학교 무한상상실 프로그램은 상시 운영되며 '찾아가는 무한상상실', 초
등학생부터 일반인까지 참여할 수 있는 프로그램이 운영되며, '라즈베리 파이를 이
용해 나만의 그림 만들기', '발견과 발명', '빈자리 채우기 프로젝트', '아이디어 업사
이클', 언제든지 찾아와 누구나 참여할 수 있는 '아이디어 팹카페' 등 상상의 날개를
펼쳐 줄 다양한 프로그램과 공간을 제공한다.

④ 구글 코리아(Google Korea) 구글 캠퍼스의 내부 구성은 구성원들이 휴식을 취하
면서 창의적인 생각들을 통해 많은 아이디어를 도출하고 결과물로 이어질 수 있도
록 공간과 체계 등이 구성되어 있으며 또한 구성원들이 시간적·공간적 제약에서
벗어나 창의적인 사고를 통해 혁신적인 기술과 제품들을 제작할 수 있도록 내부의
인테리어 구성들도 해당 국가의 문화 특성을 반영하여 표현되어 있다.

[그림 4] 구글 캠퍼스 내부전경

CHAPTER **9**

학생 프로젝트

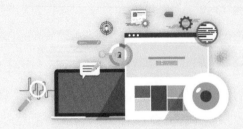

학습목표

- 무한상상공간 학생 프로젝트 사례를 통한 새로운 아이디어 고찰
- 학생 프로젝트 사례를 통한 기대효과 고찰

학생 프로젝트 사례를 통한 새로운 아이디어를 본 장에서 살펴보고, 프로젝트의 기획부터 평가까지의 전 과정을 살펴보며 프로그램 개발의 전체적인 요소들을 상기할 있도록 한다. 또한 학생 프로젝트가 실제 특허등록 및 프로그램 등록한 사례를 살펴본다.

9.1 프로젝트 사례 I

> **프로젝트 명** : Bluno와 센서를 이용한 자전거 잠금장치 BIKEY
> (부제 : 스마트한 자전거 잠금장치 솔루션)

(1) 종합설계의 개요

1. 설계의 개요(Abstract or Concept)

본 프로젝트는 고부가가치 자전거 사업에 발맞춰 자전거 잠금장치의 기술향상을 목적으로 기획하였다.

BIKEY는 기존의 자전거 잠금장치에 IoT기술을 접목시켜 자전거 도난을 방지할 수 있도록 하였으며, 도난을 당했다 하더라도 자전거의 위치를 추적하여 찾을 수 있도록 도와준다. 또한 물리적인 키를 없애, 장소와 시간에 제약을 받지 않고 원하는 사람과 키를 주고받을 수 있 다.

이를 위한 기술로는 블루투스 4.0을 사용하여 스마트폰과 하드웨어의 주축인 블루노와 통신이 가능하도록 구현하였으며, 사용자의 UX/UI를 고려한 어플리케이션 제작 및 각종 센서를 이용한 하드웨어를 구현하였다.

2. 설계의 배경 및 필요성

자전거 도난 사고는 주변에서 흔히 발생하며, 이 프로젝트를 기획하고 개발한 개발자 역시 자전거 도난을 두번이나 겪은 사례가 있다. 국내 유명 포털 사이트에 '자전거 도난'이라는 단어를 검색하면 자전거 도난을 당한 사람들의 수많은 경험담들이 쏟아진다. 심지어 '자전거 도난사고 속수무책'과 같은 제목의 뉴스들도 쉽게 볼 수 있다. 하지만 명백한 해결책이 나오지 않는 상황이며, 아직도 끊임없이 자전거 도난사고는 증가하고 있다.

미국의 유명한 자전거도난 사례가 있다. 2009년도 유명 사이클 선수인 암스트롱이 '투어 오브 캘리포니아' 사이클 대회 참가를 앞두고 록을 재기 위해 레이스 때 탔던 독주용 자전거를 숙소 밖 트럭에 놓아두었다가 도난을 당한 사건이다. 이 사건이 일어났을 당시 뉴스를 통해 많이 알려졌기 때문에 그 후에 자전거를 찾을 수 있었다. 하지만 일반인들이 그런 고가의 자전거를 잃어버렸다면 찾기 힘들었을 것이다.

자전거 도난사고 문제의 심각성과 해결책의 필요성은 우리나라에만 국한된 것이 아닌 세계적으로 공감할 수 있는 문제이다.

[그림 1] 자전거 도난사고 사례(사이클 선수 암스트롱)

(2) 설계의 현실적 제한조건 기술

〈표 1〉 현실적 제한 조건과 이에 따른 고려 내용의 기술

현실적 제한조건		
제한요소		고려할 내용
1. 산업표준	설계 제작품의 산업 표준 규격 참조	–
2. 경제성	가능한 한 저렴한 비용과 주어진 여건 아래에서 제작	하드웨어 제작에 있어서 비용의 최소화를 위해 필요한 센서만을 구입하여 블루노 기판에 연결하였다. 아두이노와 블루투스가 결합되어 있는 블루노 또한 기판들 중 저렴한 것을 사용하여 비용의 최소화를 위한 노력을 하였다.
3. 윤리성	참고 문헌 및 제품 인용 표시	해당 기술과 관련된 시중의 제품을 조사한 뒤 프로젝트를 기획하였다. 주요 기술관련 참고문헌에 대한 사항은 문서 마지막 부분에 기술하였다.
4. 안전성	안전하게 구현	–
5. 신뢰성	지속적으로 구동	하드웨어에 배터리를 추가하여 충전이 가능하도록 구현하였다.
6. 미학	가급적 공학적 실용성을 갖춘 외형 구비	사용자의 사용성을 고려한 디자인을 구현하였다. 하드웨어의 케이스를 제작하여 실용성과 미적감각을 갖추도록 노력하였다.
7. 환경에 미치는 영향	환경 유해 물질의 사용과 설계 제작품의 폐기 시 절차 규정	–
8. 사회에 미치는 영향	사회 전반에 유익한 영향을 미치는 설계 제작품 창작 및 적용 분야 명기	공유기능의 경우 사회적으로 긍정적인 영향을 미칠 수 있을 것으로 기대합니다. 자전거 대여기능에 접목시키면 보다 쉬운 자전거 관리가 가능하다.
9. 기타	지역 특성화 산업과 연계성 고려	서울시에서 진행 중인 자전거대여 시스템에 접목 가능하다.

(3) 설계 구성요소에 따른 결과 기술

〈표 2〉 설계의 구성요소 체크 항목

설계 구성요소		
구성요소		실시여부
1. 목표설정	– 브레인스토밍 등의 아이디어 창출도구를 이용하여 설계 목표를 설정 – 현실적인 제한요소와 공학적인 제한요소를 감안하여 설정	실시 완료
2. 합성	– 설계목표에 달성에 필요한 관련기술을 조사 분석하여 제작가능한 설계 안 제시(작품의 개념을 1차 합성함)	실시 완료
3. 분석	– 다양한 방법으로 자료를 수집하고, 포괄적인 문제에 대한 분석 또는 결 과물에 대한 유용성 분석을 실시 – 다양한 도구를 이용하여 설계서 작성 및 주요 부분에 대한 해석 결과 제시	실시 완료
4. 제작	– 공학실무에 필요한 기술 방법, 도구들을 사용하여 설계서에 따른 제작, 혹은 프로그램 작성	실시 완료
5. 시험	– 최종 결과물에 대한 시험 – 안전하고 지속적으로 구동가능한가를 테스트	실시 완료
6. 평가	– 최종 시작품이 설계 가이드라인을 만족하고 결론이 일치하는지 평가하 고 일치하지 않을 경우 개선방안 고찰 – 발표 능력 평가	실시 완료

1. 목표 설정

가. 문제해결을 위한 아이디어 및 구체적인 방법

본 과제의 문제점은 크게 하드웨어와 소프트웨어로 나눌 수 있다.

하드웨어의 문제점으로는 구현한 하드웨어가 기존의 자전거에 부착하는 방식으로 제작하였기 때문에 하드웨어 자체의 도난이 가능하다는 점이다. 이에 대해서는 자전거 회사와의 협약 또는 아이디어 및 기술 제공 등으로 자전거 제작 시에 자전거 프레임내의 삽입을 통해 해결 가능한 문제이다. 본 과제의 목적은 자전거 잠금장치에 사물인터넷(IoT) 기술 접목을 통한 자전거 도난 방지 솔루션의 구현이다. 솔루션은 문제점에 대한 해결책 제시로, 구현한 과제의 확실한 효과를 가시적으로 보여주는 것이 프로젝트의 목표이다.

소프트웨어의 문제점으로는 블루투스의 통신 가능 범위이다. 블루투스4.0은 이전의 블루투스 버전보다 통신 가능 범위가 최대 45m로 넓어졌다. 하지만 구현기능 중 하나인 추적(Tracking) 기능을 구현하기에는 매우 부족한 거리이다. 추적(Tracking) 기능은 자전거를 분실했을 때, 자전거 소유자의 스마트폰 어플리케이션을 통해 자전거의 위치를 알아내는 기능이다. 하지만 자전거의 위치가 블루투스 통신 가능 범위인 45m를 벗어나게 되면 추적이 불가능하다. 이러한 문제점을 해결하기 위해 다른 사용자의 어플리케이션 위치를 통해 잃어버린 자전거를 추적할 수 있다는 해결책을 생각하였다. 간단히 설명하자면, 사용자 2명의 블루투스 가능 범위를 합치면 추적 가능 범위가 90m로 늘어나고 사용자가 많아지면 많아질수록 추적 가능 범위가 늘어나게 되는 원리로 문제점 해결이 가능하다.

나. 수행목표

프로젝트 수행의 가장 큰 목표는 자전거 도난 방지를 위한 전반적인 솔루션 제공이다. 우리나라 뿐만이 아닌 전 세계적으로 문제가 되는 자전거 도난사고에 대해 해결가능한 솔루션을 제공함으로써 가능성을 가시적으로 나타내는 것이 목표이다. 또 다른 목표로는 스마트한 잠금장치의 제작을 통해 물리적인 키를 없애고 스마트폰 어플리케이션을 이용하여 자전거 공유를 보다 손쉽게 할 수 있도록 하는 것이다.

2. 합성

가. 기초 조사(관련 분야의 이론 및 기술현황 조사)

- Bluetooth 4.0 : 블루투스(Bluetooth)는 휴대폰, 노트북, 이어폰·헤드폰 등의 휴대 기기를 서로 연결해 정보를 교환하는 근거리 무선 기술 표준을 뜻한다. 주로 10미터 안팎의 초단거리에서 저전력 무선 연결이 필요할 때 쓰인다. 예를 들어 블루투스 헤드셋을 사용하면 거추장스러운 케이블 없이도 주머니 속의 MP3플레이어의 음악을 들을 수 있다. 이전기술인 블루투스 3.0은 전송 속도를 높이는 데 집중한 데 반해 4.0은 전력소비를 줄였다. 블루투스 3.0이 15~20mW 전력을 소모했던 것에 비해 블루투스 4.0의 전력소비량은 1.5~2mW에 그쳐 전력소모량을 최대 90%까지 줄였다. 이 블루투스 4.0 기술은 다양한 분야에 접목되어 유용한 기능의 손쉬운 구현을 돕는다.

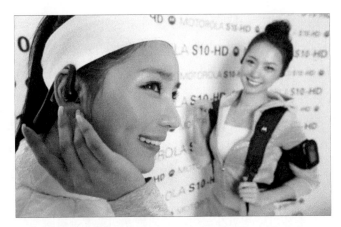

[그림 2] 블루투스를 이용한 무선 헤드셋(블루투스 이용 사례)

• Arduino : 오픈 소스를 기반으로 한 단일보드 마이크로컨트롤러로 완성된 보드와 관련 개발 도구 및 환경을 말한다. 처음에 AVR을 기반으로 만들어졌으며, 아트멜 AVR 계열의 보드가 현재 가장 많이 판매되고 있다. 아두이노는 다수의 스위치나 센서로부터 값을 받아들여, LED나 모터 센서 등과 같은 외부 전자 장치들을 통제함으로써 환경과 상호작용이 가능한 물건을 만들어 낼 수 있다. 임베디드 시스템 중의 하나로 쉽게 개발할 수 있는 환경을 이용하여, 장치를 제어할 수 있다. 아두이노의 가장 큰 장점은 마이크로컨트롤러를 쉽게 동작시킬 수 있다는 것이다.

• bluno : 아두이노 우노 보드 위에 BT4.0(BLE)모듈을 장착하여 블루투스 모듈을 따로 사서 장착해야 되는 번거로움을 없애 사용자의 편의를 제공해주기 위해 만들어진 보드이다.

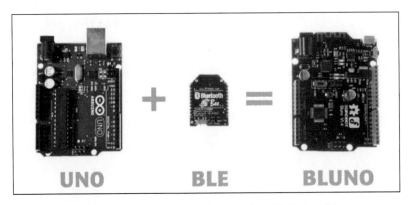

[그림 3] 어플리케이션과의 블루투스 통신을 위한 블루노 기판

나. 개념의 합성(개념 설계)

나-1) 작동원리

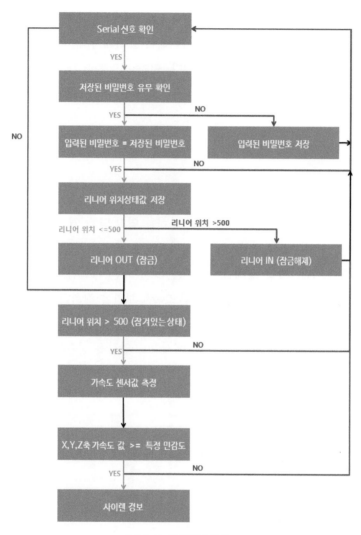

[그림 4] 하드웨어 흐름도

사용자가 하드웨어 잠금 및 해제 작동을 하게 되면 블루투스 직렬(Serial) 신호와 함께 비밀번호를 보내게 됩니다. 이때, 루프(Loop)함수 내의 직렬(Serial) 신호 감지를 위한 함수가 신호 감지를 인식하게 되면 저장된 비밀번호가 있는지 확인을 하게 된다. 저장된 비밀번호가 없을 시에는 입력된 비밀번호를 저장하게 된다. 저장된 비밀번호가 있다면 입력된 비밀번호와 비교를 하게 되며, 두 값이 동일하다면 리니어의 위치(길이)값을 저장하게 된다. 그 리니어의 위치 값이 500이상(리니어가 최대로 나왔을 때의 길이)일 경우 리니어를 반대(Reverse)방향으로 작동시켜 잠금이 해제된다. 반면, 리니어의 위치가 500미만일 경우 Forward방향으로 작동하여 잠금 상태가 된다. 리니어를 반대(Reverse) 방향으로 작동시킨 후에는 가속도 센서로부터 값을 받아 가속도 계산을 하여 x, y, z값 중 하나라도 민감도 보다 큰 값이 있다면 사이렌이 울리게 된다. 사이렌이 울리게 되면 루프(loop)문은 약 5초 동안 Sleep상태가 된다. 만약 직렬(Serial) 신호가 감지되지 않는 다면 계속해서 리니어의 위치를 알아내어 잠금 상태일 때에는 가속도 센서의 움직임을 감지하게 된다.

나-2) 논리적인 구조도

프로젝트에서 필요한 모든 데이터(Data)는 Windows Azure의 MS-SQL 데이터베이스에 저장되고 관리된다. 로그인을 하여 잠금 장치를 열고 닫을 때 선택된 자전거와 블루노의 블루투스가 연결된 상태에서 입력된 비밀번호와 저장된 비밀번호를 비교하여 같으면 작동하는 구조이다. 잠금 장치를 해제하는데 필요한 비밀번호는 DB에 저장될 때 SEED보안 알고리즘으로 암호화하여 저장함으로써 보안을 강화하였다. 가속도 센서로 위험이 감지되었을 때에는 특정 신호를 블루투스로 보내어 스마트폰 내의 APNS(Apple Push Notification Service)를 이용해 사용자에게 Push알람을 전송하도록 되어 있다.

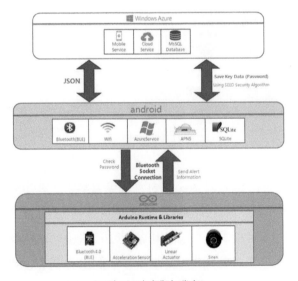

[그림 5] 아키텍처 개념도

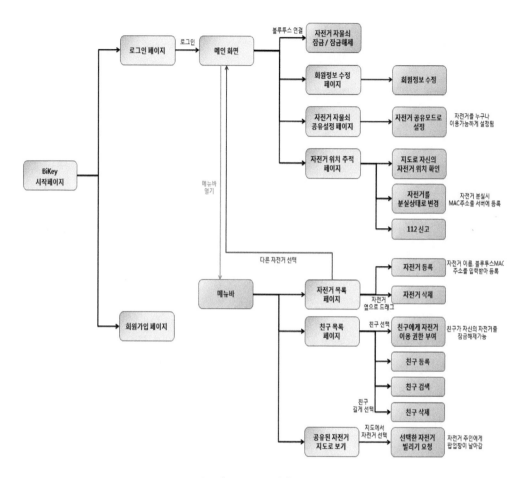

[그림 6] 소프트웨어 흐름도

　어플리케이션의 첫 시작화면에서 회원가입 또는 로그인을 선택하게 된다. 회원가입을
한 뒤 로그인을 하면 메인 화면으로 이동하게 된다. 메인 화면에서는 잠금 장치를 해제
할 수 있는 버튼이 있고 회원정보 수정 페이지, 자전거 공유 설정 페이지, 트레킹 맵 뷰
(Map View) 페이지로 이동할 수 있다. 트레킹 페이지에는 현재 자전거의 위치를 알려주
는 버튼, 자전거를 도난 당했을 때 친구들에게 도움을 요청하는 버튼, 112에 신고하는 버
튼이 있다. 어떤 페이지에서도 열 수 있는 sidebar로 구성된 메뉴바가 있는데 이 메뉴바
에는 친구 목록 페이지, 자전거 목록 페이지, 검색(Search) 페이지, 설정(Setting) 페이지
로 이동이 가능하다. 친구 목록 페이지에서는 친구 검색과 등록을 할 수 있는 페이지로
이동이 가능하며, 자전거 목록 페이지에서는 자전거 등록을 할 수 있는 페이지로 이동이
가능하다.

friend table

master	guest	iskey
string	string	string

bike_loss table

l_m_email	l_b_mac	l_value
string	string	string

member table

m_email	m_pw	m_phone	m_idnum	m_name	m_photo	m_pushid	m_device token	l_m_mac	l_m_email	l_b_mac
string	string	string	string	string	string	string	string	string	string	string

bike_key table

k_m_emial	k_bike name	k_serial num	k_mac	k_value	k_master	k_start date	k_end date	k_mapx	k_mapy	k_etc	k_share
string	string	string	string	string	string	datetime	datetime	string	string	string	string

[그림 7] 전체 테이블

- member 테이블 : 사용자들의 모든 정보가 저장되는 테이블이다. id, 비밀번호, email, phone번호, 사진 등의 기본적인 정보들이 저장된다. m_devicetoken은 push 를 위한 것으로 '어떤 디바이스의 어떤 앱' 임을 의미하는 64개의 바이트 조합이다.

- friend 테이블 : master는 사용자 이메일이 들어가고, guest에는 사용자의 친구 이메일이, iskey는 친구에게 키를 주었는지에 대한 bool값이 들어간다. 친구 목록을 가져올 때 master에 사용자의 이메일을 찾아 가져 오게되며, iskey가 1인 친구의 오른쪽 상단에 초록색 원을 나타내어 키를 준상태임을 표시한다.

- bike_loss 테이블 : 자전거 분실 상태가 되면 그 자전거의 l_m_email에 그 자전거 주인의 이메일이 들어가고, l_b_mac에 자전거의 MAC주소가, l_value에는 블루투스 연결을 위한 비밀번호가 저장된다. 자전거를 분실 상태로 해 놓으면 다른 사용자의 스마트폰 블루투스를 이용하여 추적을 할 수 있게 된다.

- bike_key 테이블 : 자전거 등록시에 자전거에 관련된 정보들이 저장되는 테이블이다. 자전거 주인의 이메일, 자전거 이름, MAC주소, Serial Number, 비밀번호, X 좌표값, Y 좌표값 등이 저장되며, k_master는 그 자전거가 자신의 자전거인지 친구의 자전거인지에 대한 bool값이 저장되어 있다. k_share는 그 자전거를 사용자가 공유 상태로 해 놓았는지에 대한 bool값이 저장되어 있으며 다른 사람이 공유된 자전거 를 찾을 때 k_share 값이 1인 자전거의 x,y좌표 값을 가져와서 맵에 표시된다.

나-3) 주요 기능

- Keyless : 물리적인 키를 없애고 아두이노와 블루투스가 결합된 Bluno(블루노), 리니어 모터 그리고 가속도 센서 등으로 구성된 하드웨어의 잠금장치를 스마트 폰을 이용하여 열고 닫을 수 있다. 시간 적, 공간적 제한이 없이 친구들과 키를 주고 받을 수 있다.

- Alarm(도난방지) : 하드웨어의 가속도 센서로 위험상황을 감지하여 경보음이 울리도록 하였으며, 사용자에게 push알람을 하여 즉각적으로 위험상황을 인지할 수 있도록 하였다. 또한, 도난을 당했을 경우를 대비하여 미리 등록해두었던 지인들에게 SOS 신호를 보내어 블루투스(Bluetooth)끼리 연결이 가능함을 이용하여 자전거의 위치를 알 수 있다.

- Share(공유) : Keyless의 특징을 이용하여 자전거를 공유할 수 있는 기능을 넣었다. 자전거 소유주가 자전거 공유(share)설정을 해놓으면 자전거를 필요로 하는 다른 사용자가 공유(share)설정이 되어있는 자전거를 빌릴 수 있다.

3. 분석(구성 기술 요소 설계 및 구조 개발)

가. 하드웨어 구조 및 시스템 설계

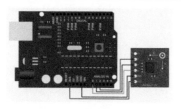

[그림 8] 가속도 센서 구현 방법

1024 단계로 10비트 샘플링 할 경우
- 한 칸 사이 전압 : 3.3V/1024
- 사이 전압 : (1.65-한 칸 전압 * 칸(현 전압값)) = 사이 전압
- 800mV:1[g] = 사이 전압 : X[g]
- X[g] = 사이 전압 / (800 * 10E-3) = 1.25 * 사이 전압
- 가속도 = X[g]*9.8 [m/ss]
- 순간 가속도 변화 량 : X1[g]*9.8 – X2[g]*9.8 [m/s2]

출처 : http://blog.naver.com/6k5tvb?Redirect=
    Log&logNo=120107978194

가속도 값을 얻기 위해 사용한 센서는 ADXL355입니다. ADXL355는 아날로그(Analog)값을 출력하는 3축 가속도 센서이다. X, Y, Z 세 값의 출력을 가속도에 비례하는 전압으로 출력하므로 왼쪽의 가속도 관계를 참고하여 식을 세워 측정하였다.

xvoltage=x*ADC_REF/ADC_AMPLITUDE
ax = (1.65-xvoltage)*1.25*9.8/SENSITIVITY

이렇게 ax, ay, az 값들을 계속해서 받아온 뒤 연속하여 들어온 세 개의 수를 평균내어 이전의 평균값과 비교한다. 두 평균값의 차이가 3~5 이상일 경우 경보음이 울리도록 구현하였다.

Control Logic Table

Enable	Phase	Mode	
1	0	1	Forward
1	1	1	Reverse
0	X	1	Brake
X	X	0	Sleep (release)

* Enable (PWM) , Phase (On/Off)
  Mode (On/Off)
* I/O의 On : 3V이상, Off : 0.8V 이하

[그림 9] 리니어 액츄에이터 신호

잠금장치에 사용된 리니어 잠금장치는 Potenit사의 Linear Actuator로 Motor Drive IC가 내장되어 있으며 Actuator 작동시 리니어의 위치값이 아날로그(Analog) 데이터로 출력된다.

왼쪽의 제어 논리표(Control Logic Table)을 참조하여 리니어의 움직임을 조절하였다.

앞(Forward) 방향으로 리니어를 밖으로 나오게 할 때에는 Enable(PWM)에 Rising Edge를 주기 위해 Low → High 의 신호를 주고 Phase에 Falling Edge를 주기 위해 High → Low 의 신호를 주었으며 Mode에는 Rising Edge를 주었다.

반대(Reverse) 방향으로 리니어를 안으로 들어가게 할 때에는 Enable과 Phase, Mode 다 Rising Edge를 주었다.

나. 소프트웨어 주요기술 및 시스템 설계

[그림 10] 블루투스 추격(tracking) 방법

* 블루투스 사용한 추적 자전거(Tracking bike using Bluetooth)

블루투스는 통신 가능 거리가 45m 정도라는 점을 미루어 볼 때 자전거가 45m 밖에 있다면 찾을 수 없다는 점이 걸림돌이었다. 하지만 블루투스 4.0은 서로 연결이 가능한 큰 이점이 있었기 때문에 이를 이용한 해결방법을 생각해보았다. 사용자가 자전거를 잃어버렸을 때 그 자전거를 검색(search)하는 작업은 내 핸드폰만으로 하는 것이 아니라 이 앱을 사용하는 다른 사용자의 블루투스로 자전거를 찾는 방식이다. 한 사람을 중심으로 45m를 찾고, 또 다른 사람의 중심으로 45m를 검색하게 되는 것이다. 연결된 인원이 점점 늘어나면 검색(search)하는 반경은 더 넓어지게 되고 그만큼 잃어버린 자전거를 찾을 확률이 높아질 것이다.

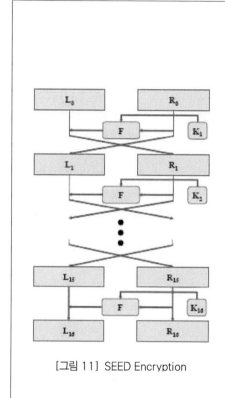

[그림 11] SEED Encryption

*SEED 암호화(Encryption)

SEED는 1999년 한국정보보호진흥원에서 개발한 128비트 대칭키 블록암호 알고리즘이다. 128비트 입력 평문블록을 2개의 64비트 블록으로 나누어 16개의 64비트 라운드키를 이용하여 16라운드를 수행한 후, 최종 128비트 암호문 블록을 출력하게 된다. 사용자가 스마트폰을 이용하여 하드웨어의 잠금장치를 해제할 때, 블루투스 신호로 작동하게 된다.

자전거 등록을 할 때에 사용자로부터 블루투스의 고유한 맥 주소(MAC Address)와 일련 번호(Serial Number)를 입력받고 DB에 저장이 될 때 랜덤으로 만들어지는 비밀번호가 같이 저장이 된다. 이 비밀번호는 스마트폰과 블루투스가 연결되어 작동하기 위한 중요한 정보이기 때문에 보안이 중요하다고 생각하여 SEED 암호화(Encryption) 처리를 하였다.

DB에 저장이 되는 비밀번호는 원본 비밀번호이다. 사용자의 스마트폰과 블루투스 연결을 위해서는 초기 페어링이 필요한데 이때 하드웨어 코드내에 비밀번호가 저장이 된다. 이때의 비밀번호는 특정키를 사용하여 암호화(Encryption) 처리를 한 비밀번호이다. DB에 저장된 비밀번호가 블루투스 연결 시 암호화(Encryption)처리를 거친 후 하드웨어 내에 저장된 비밀번호와 비교하게 되는 구조로 구현하였다.

4. 제작

가. 완성품 제작 결과 (사진)

[그림 12] 하드웨어 및 소프트웨어 결과물

나. 완성품 설명 및 작품 제작 과정 정리

[그림 13] 메인 화면

로그인 한 뒤에 보여지는 메인화면으로, 사용자의 사용 빈도수가 큰 잠금 장치잠금/해제 버튼을 화면 한가운데에 두었다. 버튼을 클릭할 때마다 작은 초록색 원의 사이즈가 점점 커지는 애니메이션을 넣어 버튼이 작동하는 것을 시각적으로 나타내도록 구현하였다.

아래의 세버튼은 회원 정보 수정 페이지, 자전거 공유 설정 페이지, 자전거 위치 확인(Map)페이지로 이동이 가능하다. 자전거를 선택함에 따라 자전거의 이름을 받아와서 잠금/해제 버튼 아래의 자전거 이름을 변경하도록 하였다.

[그림 14] 메인 Sliding menu

메뉴를 Slide-out Navigation Menu 형태로 구현하였습니다. 화면 위에 Transparent View(투명 뷰)형태로 띄워지는 화면을 제외한 모든 화면의 상단 왼쪽자리에 Menu를 띄울 수 있는 버튼을 위치하였다.

메뉴의 상단에는 사용자가 선택한 자전거(주로 사용자의 자전거)의 사진과 이름이 뜨도록 하였습니다. 이 메뉴를 누르면 메인화면으로 이동하게 된다. 앱상에 보여지는 모든 사진은 DB에서 불러온 사진을 CircleShadowImage View 오픈소스를 사용하여 동그란 이미지로 변환시키도록 하였다.

[그림 15] 친구 목록 화면

이 화면은 친구 목록 페이지로 친구 리스트를 집단 뷰(CollectionView) 형식으로 구현하였다. 친구를 클릭하면 친구에게 자신의 자전거 키를 줄 수 있도록 하였으며, 경고 메시지(Alert Message)를 띄워 사용자로부터 한 번 확인하도록 하였다. 자신의 키를 준 친구의 리스트에는 오른쪽 위에 초록색 점 뜨도록 구현하였다. 키를 이미 준 친구를 선택하면 친구에게 준 자신의 키를 삭제할 수도 있다. 또한 친구 리스트를 길게 누르면 삭제할 수 있도록 길게 누르기 제스처 이벤트(Long press gesture event)를 주었다. 화면의 오른쪽 상단의 +버튼을 누르면 친구를 검색하여 추가할 수 있는 페이지로 이동하게 된다. (친구 검색은 이메일 또는 이름으로 검색 가능하도록 하였다.)

[그림 16] 자전거 목록 화면

내가 가지고 있는 자전거 키의 목록을 자전거 DB에서 가져와 테이블 뷰로 구현하였다. 한 셀은 자전거 모양의 이미지와 그 아래에 자전거의 주인인지 아닌지를 알 수 있는 표식과 자전거의 이름으로 구성된다. 친구 페이지와 마찬가지로 오른쪽 상단에는 자전거 추가 페이지로 이동할 수 있는 +버튼이 있다. 자전거 추가 페이지에서는 자전거 이름을 입력하고 중복 확인을 한 뒤 블루투스 MAC주소, Serial Number를 입력하도록 되어있다. 자전거 등록이 끝나면 자전거 DB 에 소유주(owner)가 1인 상태로 자전거 정보가 저장된다.

[그림 17] tracking&search를 위한 map

Mapkit Framework를 사용하여 지도뷰(MapView)로 구현한 페이지는 다음과 같다.

1. 추적 페이지(Tracking page) : 자전거를 도난당했을 때 유용한 추적 페이지(Tracking Page)는 지도뷰(MapView)를 바탕으로 오른쪽 위의 세 버튼으로 구성되어 있다. 현재 장소를 표시해주는 위치(location) 버튼, 지인에게 SOS 신호를 보냄과 동시에 자전거를 분실 상태로 변환하는 SOS 버튼,112에 전화를 연결하는 버튼이다. SOS 버튼을 누르면 자전거 분실 데이터베이스(bike_loss DB)에 자신의 자전거 정보가 저장되어 분실 상태로 변환된다.
2. 공유 자전거 검색 페이지(share bike Search page) : 내 주변의 공유로 설정된 자전거를 찾아 맵에서 보여주는 페이지이다.

다. 작품의 특징 및 종합설계 수행 결론

기존의 자전거 잠금장치와는 다르게 스마트폰으로 제어하는 스마트한 잠금장치이다. 잠금장치에 정보통신(IT) 기술력을 넣음으로써, 기존 자전거 잠금장치의 문제점을 해결함은 물론, 편의성까지 제공하게 되었다.

5. 시험 (시험결과 기술)

가. 최종 결과물에 대한 시험결과

안전하고 지속적으로 구동가능한가를 테스트한 결과

테스트	성공률	테스트방법
잠금/해제 동작 테스트	95%	자체테스트
경보기 알람 테스트	95%	자체테스트
가속도 인식 테스트	99%	자체테스트
서버연동 안정성 테스트	95%	자체테스트

소프트웨어와 하드웨어를 융합한 프로젝트이기 때문에 전반적으로 하드웨어와 소프트웨어의 연동과정에서의 동작 성공률에 대해 테스트를 하였다. 모두 95%이상으로 높은 수치를 보였다.

6. 평가

가. 작품의 완성도 및 기능 평가

평가항목(주요성능 Spec)	단위	개발 목표치	달성도	평가방법
1. 잠금장치의 실제동작	만족도	98%	95%	자체평가
2. 가속도 센서의 연동	만족도	98%	95%	자체평가
3. 알람 센서의 연동	만족도	98%	95%	자체평가
4. 블루투스를 통한 값 전달	호환성	98%	95%	자체평가
5. GCM을 통한 공유 알람 기능	호환성	93%	90%	자체평가
6. 실제 키 전달 기능	만족도	93%	90%	자체평가

나. 기대효과 및 영향

현대에 들어 자전거는 새로운 교통수단으로 주목받고 있다. 우리나라 뿐만 아니라 벌써 외국에서는 정부에서 자전거를 촉진하기 위한 사업들이 활성화되어 자전거 시장이 점차적으로 커지고 있는 추세이다. 그에 맞게 고가의 자전거 시장도 더불어 커지고 있다. 이렇게 점차적으로 자전거의 가치는 높아지고 있음에도 불구하고, 아직까지도 해결하지 못하는 문제가 있는데, 바로 자전거 도난이다. 자전거에 스마트한 잠금장치를 부착한다면 이러한 도난 문제를 해결할 수 있을 것이다. 또한 자전거의 발전과 함께 스마트한 자전거 잠금장치의 시장도 더불어 커지게 될 것이다. 그리고 스마트폰으로 자전거 잠금장치를 제어하게 함으로써, 자전거 공유도 쉬워질 것이다. 자전거 공유 기능을 통해 자전거의 활성화를 촉진시킬 수 있을 것이다.

다. 작품제작 후기

평소에 자전거 라이딩을 좋아하여, 라이딩을 많이 해보면서, 자전거 솔루션의 필요성을 직접 느끼고 시작하게 된 프로젝트였다. 지금까지 배운 수업에서는 이론적인 내용이 많았다면, 캡스톤 디자인 설계란 수업에서는 프로젝트를 하며 실제로 실생활에서 필요한 아이템을 개발했다는 점에서 차별화 되었고, 성취감이 너무 컸다. 또한 프로젝트를 통해 하드웨어와 소프트웨어의 융합을 실제로 경험해 보며 도움이 많이 되었다.

마. 참고문

- 아두이노 통신 (서영배/디지털북스)

- 아두이노와 안드로이드 (서민우/앤써북)

- 처음 시작하는 센서(키모 카르비넨)

- https://www.arduino.cc/en/Tutorial/HomePage

- http://www.adafruit.com/category/17

- http://kojite82.blog.me/220272801092

[첨부 1] 작품 주요 사진(동영상) 첨부

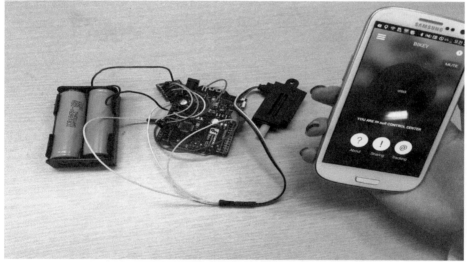

[그림 18] 작품 주요 사진

사용자의 사용 빈도수가 큰 잠금장치 잠금/해제 버튼을 화면 한가운데에 두었다. 버튼을 클릭할 때마다 작은 초록색 원의 사이즈가 점점 커지는 애니메이션을 넣어 버튼이 작동하는 것을 시각적으로 나타내도록 구현하였다.

[첨부 2]

〈캡스톤 설계 학습성과 평가 결과서_(졸업심사 양식)〉

> **프로젝트 명** : Bluno와 센서를 이용한 자전거 잠금장치 BIKEY
>
> (부제 : 스마트한 자전거 잠금장치 솔루션)

■ 캡스톤 작품 개요

본 과제는 고부가가치 자전거 사업에 발맞춰 자전거 잠금장치의 기술향상을 목적으로 기획하였다.

BIKEY는 기존의 자전거 잠금장치에 IoT기술을 접목시켜 자전거 도난을 방지할 수 있도록 하였으며, 도난을 당했다 하더라도 자전거의 위치를 추적하여 찾을 수 있도록 도와준다. 또한 물리적인 키를 없애, 장소와 시간에 제약을 받지않고 원하는 사람과 키를 주고 받을 수 있다.

이를 위한 기술로는 블루투스 4.0을 사용하여 스마트폰과 하드웨어의 주축인 블루노와 통신이 가능하도록 구현하였으며, 사용자의 사용자 경험과 사용자 인터페이스(UX/UI)를 고려한 어플리케이션 제작 및 각종 센서를 이용한 하드웨어를 구현하였다.

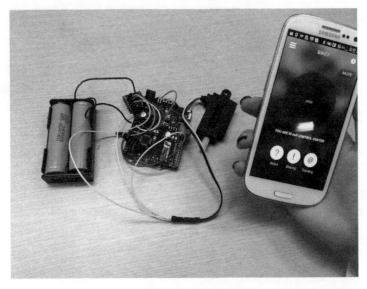

[그림 19] 작품 사진

9.2 프로젝트 사례 II

> **프로젝트 명** : 흥행 게임 인터페이스를 기반으로 한 완성도 높은 게임의 설계
> (부제 : Cat in the Trap)

(1) 종합설계의 개요

1. 설계의 개요(Abstract or Concept)

본 프로젝트에서는 기존에 흥행했던 러닝 게임 장르의 흥행 요인을 분석한다. 그 다음 분석한 흥행 요인은 유지하되 기존의 게임들에서 플레이어가 느꼈던 부족한 점을 보완하는 방향으로 새로운 게임을 제작한다. 이 때, 분석 및 제작 프로세스를 공학적으로 진행하여 완성도 높은 게임을 설계한다.

러닝 게임의 경우, 역시 기존의 화면 스크롤이나 시간제 득점 방식을 베이스로 하되 반복적인 화면으로부터 느껴지는 지루함을 타파하고자 이벤트성 액션 스테이지를 추가 구성하여 기존의 게임과 차별화되도록 제작한다. 또한 게임에 사회적인 이슈와 관련된 목적성을 더하여 플레이어가 집중할 수 있도록 설계한다.

2. 설계의 배경 및 필요성

프로젝트에 참여하는 팀원 모두 기존 콘텐츠를 활성화하거나 게임을 개발한 경험이 있어 관련된 설계 주제를 선정하게 되었다. 그러던 중 다양한 플랫폼이 등장하여 이에 따른 새로운 게임이 유행하고 장르로 형성되는 과정에서 이미 많은 플레이어에게 익숙해진 게임들은 오락성을 유지하기 힘든 점을 발견하였다. 다음은 러닝게임 장르에서 크게 흥행했던 쿠키런의 개발회사 현황이다.

[그림 20] 데브시스터즈 1년 증권가 추이 그래프와 사업부진 관련 기사

게임흥행과 게임 회사의 상황은 대체로 비례하기 때문에 쿠키런의 흥행 역시 길지 못했음을 파악할 수 있다. 이는 게임의 익숙한 패턴에 플레이어들이 지루함을 느끼고 플레이를 중단하는 데에서 발생한다. 우리는 이 문제를 해결하기 위해 플레이어가 게임을 오래할 수 있도록 게임의 매력을 증진시키는 방안을 모색하고자 했다. 따라서 그동안 개발을 하며 익힌 공학적 분석 능력으로 기존 게임의 장단점을 파악하고 재개발해보자는 아이디어를 도출했다.

게임의 사전적 정의들을 살펴보면 게임은 규칙과 승부, 경쟁 등이 주요한 구성요소인 즐거움을 위한 행위라는 것을 알 수 있다. 최근 게임들은 주로 단순한 규칙을 적용시키되 승부나 경쟁에 중점을 두고 있다. 다음은 2015년 기준 네이버 온라인 게임순위1위에 해당하는 리그오브 레전드의 게임 요약이다.

치열한 대전

전략적인 판단, 전광석화같은 반사신경, 한 마음으로 움직이는 팀플레이로 소규모 교전과 대규모 팀간 전투에서 적 팀을 무찌르세요.

전략과 진화

정기적으로 게임이 업데이트되고 다양한 맵과 게임 모드가 마련되어 있으며, 신규 챔피언 역시 끊임없이 출시되기 때문에 전략만 잘 세우면 누구라도 최고의 자리에 오를 수 있습니다.

랭크에 도전하세요

봇을 상대로 AI 상대 협동 플레이를 즐기든 리그 시스템에서 승급에 도전하든, 리그 오브 레전드에서는 비슷한 실력의 경쟁자들과 빠른 대전에 매칭해 드립니다.

명예를 건 전투

매너 플레이로 명예를 겨루며, 동료들로부터 스포츠맨십에 대한 훈장을 획득하세요.

최고의 e스포츠

전세계에서 가장 활발한 경쟁이 펼쳐지고 있는 리그 오브 레전드 e스포츠 대회에는 엄청난 상금이 걸린 영예의 챔피언십 시리즈를 비롯하여 세계 곳곳에서 수많은 대회가 열리고 있습니다.

세계 최고 규모의 온라인 게임 커뮤니티

리그 오브 레전드는 세계에서 가장 큰 규모의 온라인 게임 커뮤니티를 자랑합니다. 친구를 사귀고 함께 게임할 팀을 만들어 전세계 수천만 명을 상대하고, 소환사 광장에서 전략을 공유해 보세요.

[그림 21] 리그 오브 레전드 게임 가이드

리그 오브 레전드와 같은 게임 역시 단순한 규칙 아래에서 승부와 경쟁을 중심으로 한다. 하지만 게임 안에서의 다양한 콘텐츠들이 흥행 유지를 도왔기 때문에 아직도 게임 순위를 재패하고 있다. 이러한 종류의 게임은 기존의 장르를 유지하기 때문에 조작에 대한 이해가 쉬워 플레이어의 진입장벽이 낮지만 그만큼 쉽게 즐거움을 잃을 수 있었다. 따라서 이러한 문제를 해결하여 오락성과 완성도를 보완함으로써 그동안 정체된 게임 장르의 부흥에 이바지할 필요성을 느꼈다.

(2) 설계의 현실적 제한조건 기술

1. 현실적 제한조건과 이에 따른 고려내용의 기술

현실적 제한조건		
제한요소		고려할 내용
1. 산업표준	설계 제작품의 산업 표준 규격 참조	- Windows 운영체제에서 구현되는 PC 프로그램은 Windows 표준에 따라 개발. - 스마트폰 어플리케이션은 Android 표준에 따라 개발.
2. 경제성	가능한 한 저렴한 비용과 주어진 여건 아래에서 제작	- 이미지 및 사운드 자원은 직접 제작하거나 일부 무료 공유 자료를 이용. - 기타 개발 툴은 학교와 라이선스가 체결된 프로그램을 이용.
3. 윤리성	참고 문헌/제품 인용 표시	- 무료 공유 자료에서 가져온 이미지 및 사운드 자원은 해당 라이선스를 표시하여 지식 저작권 또는 법적으로 등록된 재산을 침해하지 않음. - 비도덕적 행위를 목적으로 하는 프로그램을 설계하지 않음.
4. 안전성	안전하게 구현	- 프로그램 이용자가 입력한 정보는 이용자의 플랫폼 내부에만 저장됨. - 저장되는 파일의 크기를 제한하므로 기기에 큰 영향을 주지 않음.
5. 신뢰성	지속적으로 구동	- 게임의 일부 데이터를 유지하여 해당 기기에서 재 구동 시 사용. - 일부 기종의 플랫폼에서 테스트를 진행하며 버그가 발견되지 않도록 설계.
6. 미학	가급적 공학적 실용성을 갖춘 외형 구비	- 압축파일 형태로 완성하여 사용기기 간에 배포가 용이함.
7. 환경에 미치는 영향	환경 유해 물질의 사용과 설계 제작품의 폐기 시 절차 규정	- 물질적인 제작품이 아니므로 일반적인 소프트웨어 폐기 절차에 따라 간편한 삭제가 가능.
8. 사회에 미치는 영향	사회 전반에 유익한 영향을 미치는 설계 제작품 창작 및 적용 분야 명기	- 개발 제품이 플레이어의 인식 개선을 통해 사회 문제에 긍정적인 영향을 줄 수 있을지 고려하여 설계.
9. 기타	지역 특성화 산업과 연계성 고려	해당사항 없음

(3) 설계 구성요소에 따른 결과 기술

◉ 설계의 구성요소 체크 항목

설계 구성요소		
구성요소		**실시여부**
1. 목표설정	– 브레인스토밍 등의 아이디어 창출 도구를 이용하여 설계 목표를 설정 – 현실적인 제한요소와 공학적인 제한요소를 감안하여 설정	실시 완료
2. 합성	– 설계목표에 달성에 필요한 관련기술을 조사 분석하여 제작 가능한 설계 안 제시(작품의 개념을 1차 합성함)	실시 완료
3. 분석	– 다양한 방법으로 자료를 수집하고, 포괄적인 문제에 대한 분석 또는 결 과물에 대한 유용성 분석을 실시 – 다양한 도구를 이용하여 설계서 작성 및 주요 부분에 대한 해석 결과 제시	실시 완료
4. 제작	– 공학실무에 필요한 기술 방법, 도구들을 사용하여 설계서에 따른 제작, 혹은 프로그램 작성	실시 완료
5. 시험	– 최종 결과물에 대한 시험 – 안전하고 지속적으로 구동가능한가를 테스트	실시 완료
6. 평가	– 최종 시작품이 설계 가이드라인을 만족하고 결론이 일치하는지 평가하 고 일치하지 않을 경우 개선 방안 고찰 – 발표 능력 평가	실시 완료

1. 목표 설정

가. 문제해결을 위한 아이디어 및 구체적인 방법

최근 출시되었던 게임 중 빠르게 순위권에 진입했다가 관심이 식은 게임을 조사하기로 했다. 그리고 기존 게임들의 문제점인 단순함을 개선하기 위해 적합한 방법을 포괄적으로 분류했다. 제시된 방법은 다음과 같다.

표 3 게임의 오락성을 증진하기 위한 기초 대안

1	스테이지를 많이 추가하여 엔딩에 도달하는 시간을 늦춘다.
2	게임에서 사용되는 아이템을 다양하게 기획한다.
3	게임 중간에 이벤트를 구성하여 주의를 환기한다.
4	게임 캐릭터나 배경 등의 테마를 이용 대상층에 맞게 변경한다.

먼저 스테이지를 다양화하는 방법은 플레이어의 호승심을 자극하고 플레이 시간을 증가시킬 수 있지만 무한히 추가할 수 없기 때문에 적정선으로 고려해야 한다. 10개가 넘는 스테이지에도 단순함을 느끼는 플레이어가 많기 때문에 변화무쌍한 스테이지를 많이 구성하는 것은 정해진 기간내에 제작하는 것이 어렵다고 판단되어 이 방법은 보류하기로 했다.

그 다음 아이템을 다양하게 기획하는 것은 이미 많은 게임에서 사용되고 있는 업데이트 방안인데, 너무 많은 아이템을 추가하게 되면 플레이어가 그 아이템 간의 차이를 명확히 인식하지 못할 수 있어 독특한 기능을 하는 아이템에 한해서만 추가하기로 했다.

세 번째로 게임 중간에 이벤트를 구성하는 방법은 확실히 플레이어의 주의를 환기하여 게임자체에 집중하는 순간을 늘릴 수 있다고 판단했다. 하지만 그 이벤트가 게임전체와 어우러지는 시스템이 아니면 자칫 게임이 조잡해질 수 있기에 테마에 맞으면서 집중력을 높일 수 있는 콘텐츠만 1~2개 정도 삽입하기로 했다.

마지막으로 테마를 대상층에 맞게 변경하는 것은 게임전체의 방향성에 대한 고려사항이다. 모든 연령대나 직군의 사람이 즐길 수 있는 게임을 만들기는 어렵기 때문에 특정 대상층을 이용자로 설정하면 해당층만은 확실하게 게임을 즐길 수 있도록 설계할 수 있다는 장점이 있다. 따라서 대상층을 선정하고 분석하여 게임설계에 참고하고 테스트 시에도 대상층을 위주로 그들이 느끼는 단점을 빠르게 보완하여 완성도를 높이기로 했다.

나. 수행목표

전체적인 수행목표는 기존 게임과의 차별성을 플레이어가 인식하고 흥미를 느낄 수 있게 하는 것이다. 먼저 기존 게임의 틀을 계승하는 방향으로 전체적인 기획을 짜되, 분석한 문제해결 방안을 접목하여 기간 내에 프로젝트를 완료하고자 한다.

앞서 문제해결 방안으로 도출한 항목 중 적용 가능성이 있는 세 가지를 중심으로 구체적인 수행목표를 설정했다. 다음은 수행의 구체적인 방향을 포함한 목표 도달 프로세스이다.

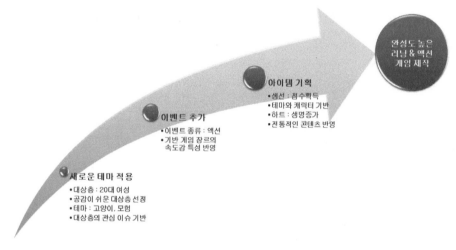

[그림 22] 수행 목표 도달 프로세스

2. 합성

가. 기초 조사

가-1) 관련 분야의 이론 및 기술 현황 조사

러닝 장르에서 흥행했던 기존 게임들을 조사하고 구현된 기능과 구현에 사용된 기술을 분석했다.

A. 쿠키런

[그림 23] 쿠키런 플레이 화면

(1) 개발 플랫폼 : 안드로이드, ios

(2) 최초 출시연도 : 2013년

(3) 테마 모티브 : 오븐을 탈출하기 위해 달리는 쿠키들의 모험 이야기

(4) 게임 특징

표 4 쿠키런의 특징에 대한 설명 및 관련 이미지

보너스타임 발동	
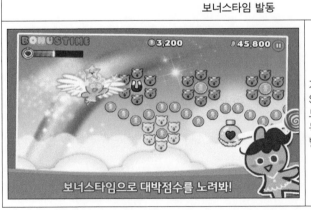	기본 스테이지 플레이 중 B, O, N, U, S, T, I, M, E 알파벳 아이템을 모두 모아 글자를 완성하면 보너스 점수 획득이 가능한 보너스타임 스테이지가 발동함.

카카오톡 연동 랭킹 시스템	
	카카오톡 어플과의 연동으로 친구들과 점수를 공유하며 경쟁할 수 있는 랭킹 시스템임.
동화적인 분위기와 다양한 캐릭터	
전반적인 디자인을 동화적인 분위기로 연출하였고, 각각의 쿠키와 펫마다 사연과 대사를 다르게 넣어 다양한 스타팅 대사를 보는 재미를 더함.	
지속적인 업데이트	
게임 최초 출시 이후에도 새로운 캐릭터 및 아이템 외에 새로운 컨텐츠 및 시스템을 지속적으로 추가 업데이트하여 지루함을 주지 않음.	

(5) 구현에 사용된 기술 : Cocos2D-X

- 개발도구 소개

    Cocos2D-X는 모바일 어플리케이션 제작을 돕는 엔진이다. 아르헨티나 Los Cocos 지역에서 개발자들이 OpenGL을 기반으로 만든 Cocos2D-iPhone엔진을 중국에서 멀티플랫폼으로 다시 제작하여 배포하였다.

- 기술 특징

    Cocos2D-X는 주로 게임 개발을 돕는 기능들로 이루어져 있으며 Scene, Transition, Sprite, Menu, Sprite3D, Audio 등의 다양한 객체를 제공한다. 다음은 주요 기능에 대한 설명과 사용 예시이다.

표 5 Cocos2D-X의 주요 기능 정의 및 구현 예시

Scene Graph : 그래픽 장면의 배치를 결정하는 데이터 구조와 구조 관계를 설정하는 메소드

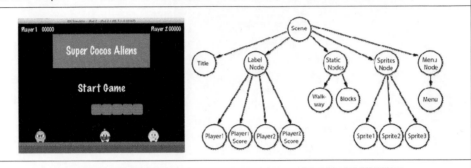

```
// Adds a child with the z-order of -2, that means
// it goes to the "left" side of the tree (because it is negative)
scene->addChild(title_node, -2);

// When you don't specify the z-order, it will use 0
scene->addChild(label_node);

// Adds a child with the z-order of 1, that means
// it goes to the "right" side of the tree (because it is positive)
scene->addChild(sprite_node, 1);
```

Sprites : 화면에서 이동이 필요한 객체의 데이터 구조와 객체의 변화를 수행하는 메소드

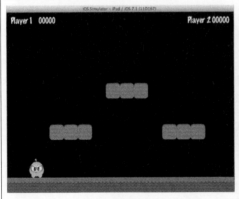
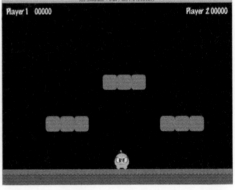

```
// This is how to create a sprite
auto mySprite = Sprite::create("mysprite.png");

// this is how to change the properties of the sprite
mySprite->setPosition(Vec2(500, 0));

mySprite->setRotation(40);

mySprite->setScale(2.0); // sets scale X and Y uniformly

mySprite->setAnchorPoint(Vec2(0, 0));
```

```
mySprite->setPosition(Vec2(500, 0));
```

그 외 기능 : 투명도 조절, 색상 적용

Actions : Sprites의 변화 메소드들을 실행하도록 조절하는 기능을 담당

```
auto mySprite = Sprite::create("Blue_Front1.png");

// Move a sprite 50 pixels to the right, and 10 pixels to the top over 2 seconds.
auto moveBy = MoveBy::create(2, Vec2(50,10));
mySprite->runAction(moveBy);

// Move a sprite to a specific location over 2 seconds.
auto moveTo = MoveTo::create(2, Vec2(50,10));
mySprite->runAction(moveTo);
```

B. 윈드러너

[그림 24] 윈드러너 플레이 화면

(1) 개발 플랫폼 : 안드로이드, ios

(2) 최초 출시연도 : 2013년

(3) 테마 모티브 : 보물을 찾기 위해 떠나는 모험 이야기

(4) 게임 특징

표 6 윈드러너의 특징에 대한 설명 및 관련 이미지

피버타임 발동	
	플레이 중 상단 중앙에 표시되는 달린 거리 우측의 피버게이지를 채우게 되면 무적 상태로 자동 플레이 되는 피버타임이 발동함.

카카오톡 연동 랭킹 시스템	
	플레이 도중 다른 플레이어의 점수를 넘기게 되면 해당 플레이어를 날리는 장면이 연출되어 경쟁을 부추기는 랭킹 시스템임.

(5) 구현에 사용된 기술 : Unity3D

- **개발도구 소개**

   Unity3D는 2차원, 3차원 그래픽 작업과 콘텐츠 제작을 돕는 개발도구이다. 최근 많은 게임사에서 사용하는 엔진으로 다양한 운영체제(OS)에서 개발이 가능하며 멀티플랫폼을 지원한다.

- 기술 특징

Unity3D 역시 주로 게임 개발을 돕는 기능들로 이루어져 있으며 Texture Mapping 과 Shader 기법들을 통해 다양한 렌더링 결과물을 만들어낸다. 다음은 러닝 게임에 자주 사용되는 배경 스크롤 기능을 Unity로 구현한 예시이다.

Object Scrolling

```
view plain  copy to clipboard  print  ?
01.  #pragma strict
02.
03.  var speed : float;
04.  var resetDistance : float;
05.  var initialDistance : float;
06.  var isVertical : boolean = false;
07.
08.  function Start () {
09.
10.  }
11.
12.  function Update ()
13.  {
14.      var move : float = speed * Time.deltaTime;
15.      if (isVertical) {
16.          transform.Translate(Vector3.down * move, Space.World);
17.          if (transform.position.y < resetDistance)
18.          {
19.              transform.position = Vector3
     (transform.position.x, initialDistance, transform.position.z);
20.          }
21.      }else{
22.          transform.Translate(Vector3.left * move, Space.World);
23.          if (transform.position.x < resetDistance)
24.          {
25.              transform.position = Vector3
     (initialDistance, transform.position.y, transform.position.z);
26.          }
27.      }
28.  }
```

[그림 25] Unity의 배경 스크롤링 스크립트 구현 예시

위의 예제는 하나의 물체를 화면내에서 반복적으로 이동하도록 조건을 주고 작동시키는 방식으로 작성되었다.

가-2) 현 상황에서의 문제점 또는 해결이 필요한 사항

흥행한 러닝 어드벤처 장르의 게임은 모두 모바일을 기반으로 한다. 각 게임을 개발할 때 사용된 기술도구 또한 모바일에 특화되어 있고, C#이나 자바스크립트(Javascript) 언어를 기반으로 제공되어 스크립트 언어를 배우지 않은 사람들이 바로 개발을 시작하기

에는 무리가 있다. 이러한 기술적 한계는 기존에 사용되었던 기술도구들의 구현 방식을 참조하여 JAVA언어로 직접 구현하는 방법을 통해 극복하였다.

다음으로 플레이어가 느낀 기존 게임의 문제이다. 모바일로 제공되는 러닝 게임은 화면을 터치하여 캐릭터 동작을 인식하는데, 각 동작과 버튼이 서로 직관적인 연관성을 가지지 않아 플레이어들이 버튼을 잘못 누르는 경우가 있었다. 다음은 위에서 분석했던 흥행 러닝 게임 쿠키런의 조작 버튼이다.

[그림 26] 러닝 게임의 조작 버튼

점프와 슬라이드 버튼이 왼쪽, 오른쪽으로 구분되어 모바일 플랫폼으로 터치하는 것은 쉽지만 기능에 혼동이 있을 수 있다. 점프는 캐릭터가 위쪽으로 이동하고 슬라이드는 캐릭터가 아래쪽으로 이동하는 동작이기 때문에 해당 버튼은 직관적이지 않다. 하지만 모바일 플랫폼은 기기를 손에 들고 플레이하기 때문에 위와 같은 버튼의 위치가 접근성이 뛰어나다. 이러한 문제점을 해결하기 위해 본 프로젝트에서는 해당 장르를 Windows OS기반의 PC 게임으로 구현하게 되었다. PC 게임으로 러닝 장르를 개발함으로써 전통적으로 점프와 슬라이드 동작에 사용되었던 방향키 입력을 구현할 수 있다.

끝으로 게임의 오락성 측면에서 계속된 반복 패턴에 플레이어가 쉽게 질려하던 문제가 있었다. 이것은 다양한 추가 콘텐츠를 구성하여 해결하기로 했다. 이전 흥행 게임들의 공통 성공 요인이었던 랭킹 시스템을 살려 개인 PC에서 플레이한 기록을 저장한 랭킹 시스템을 구축하며, 기존 러닝 어드벤처 장르에서 즐길 수 있는 스테이지가 아닌 액션 장르를 추가한 고양이 구출 미션 스테이지가 랜덤으로 발동될 수 있도록 구현하였다.

나. 개념의 합성(개념 설계)

나-1) 작동원리

A. 게임 맵 생성

자바 스윙의 Jcomponent를 통해 화면을 출력한다. 배경 이미지는 고정되는 하늘그림과 우측에서 좌측으로 이동하며 캐릭터가 달리는 것을 표현해주는 집, 담벼락 그림으로 구성됩니다. 배경은 다음과 같이 출력된다.

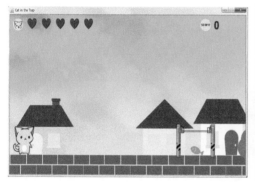 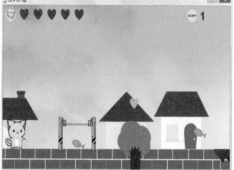

[그림 27] 배경 이미지의 이동

이동하는 이미지들은 실행 중에 계속 출력 좌표의 x값이 감소하며, 화면상에서 완전히 벗어나게 되면 다시 화면의 우측 좌표값으로 변경되어 반복 출력된다.

```
for(i=0;i<wall.size();i++){
    Objects w = wall.get(i);
    w.draw(g2);
    if(scene!=EVENT && !isPause)
    {
        w.moveObject();
    }
    if(w.getX()==-w.getWidth()) w.setX(WIDTH);
}
```

[그림 28] 배경 이미지 중 담벼락의 이동을 구현한 코드

아이템과 장애물은 random 함수를 이용하여 무작위로 출력되게 하지만 범위를 조작하여 서로 겹치지 않도록 안배했다. 이 때 장애물 하나와 아이템들을 그룹으로 묶어 몇

가지 패턴을 만들고 이러한 패턴이 무작위로 생성되게 하였다.

B. 캐릭터 동작

캐릭터의 동작은 키보드 이벤트와 조건문을 활용하여 각각의 입력에 대해 캐릭터의 좌표 및 이미지 변화를 수행하도록 제작했다. 다음은 키보드 입력에 의해 캐릭터 동작이 작동하는 흐름도이다.

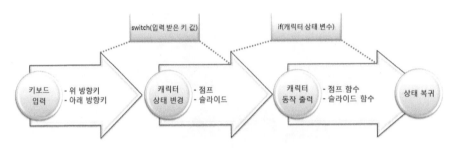

[그림 29] 캐릭터 동작 처리의 작동 원리

C. 충돌 처리

캐릭터와 아이템, 장애물들이 부딪히는 것을 if나 switch의 조건으로 지정한다. 서로 부딪히는 것은 이미지간의 겹침을 통해 파악한다. 다음은 충돌조건이 되는 이미지 오버랩 상황에 대한 그림이다.

[그림 30] 캐릭터와 나무 장애물의 이미지가 겹치는 상황

위와 같이 각 이미지 간의 좌표계가 겹치는 지는 그것을 검사하는 자바의 함수를 이용하여 확인할 수 있다. 충돌 조건이 만족되면 충돌한 물체의 아이디를 통해 캐릭터의 생명, 점수의 변화를 조절하고 각 상황에 적합한 사운드를 재생한다.

D. 랭킹 시스템

랭킹은 텍스트 파일의 입출력을 이용하여 처음부터 점수 내림차순으로 기록한다. 텍스트 파일을 프로그램만 읽고 쓸 수 있다는 가정 하에 처음 게임 실행 시 파일이 새로 생성되며 입력할 위치만 점수를 통해 확인한다. 따로 정렬하는 과정을 넣지 않아도 입력 시에 순서대로 입력된다면 순위가 올바르게 구현된다.

나-2) 논리적인 구조도

처음 생각하였던 예상 구조도는 다음과 같은 5개의 클래스로 구성되었다.

표 7 초기 객체 구조 설계 내용

객체명	객체 기능
cat	고양이 동작 및 상태(점수, 생명)를 조작
item	아이템의 랜덤 생성 및 출력, 생성한 아이템의 기능 적용
background	배경 이미지 무한 생성 및 소멸, 배경 이동
main	각 클래스를 선언하고 실행하여 서로 작동하도록 연결
sound wave	확장자 파일을 읽는 자바 메소드로 소리의 출력을 조작

그러나 나누어진 클래스의 동작이 중복되는 경우가 있었고 하나의 클래스가 너무 큰 비중을 차지하는 경우가 있어서 다음과 같이 구조도를 변경했다.

[그림 31] 객체 지향적 프로그램 구조도

앞서 배경 객체를 다루었던 background와 아이템 객체를 다루었던 item으로 각각 나누어 작업하였던 부분을 객체(object) 하나로 통합하였고, 메인(main)과 컴포넌트(playing) 또한 분리하였다. 기존에 설계하였던 대로 사운드 클래스는 그대로 유지하였다.

나-3) 주요 기능

A. 기본 스테이지

기본 스테이지는 게임이 시작되면 나오는 스테이지로 캐릭터가 달리는 동작을 반복한다. 이 때 캐릭터에게 다가오는 장애물들을 위쪽, 아래쪽 방향키로 사용자가 입력하여 회피해야한다.

다음은 두 가지 기능에 대한 상세 설명이다.

(1) 점프 : 고양이 캐릭터가 위로 뛰어올라 장애물을 피하는 동작을 실행하는 기능

• 사용자가 위쪽 방향키를 누르면 고양이 객체의 상태 변수가 점프로 바뀌고, 고양이 객체의 상태가 점프일 때에는 고양이의 출력 위치가 조건에 맞게 올라갔다 내려온다.

[그림 32] 점프 동작을 실행했을 때 보이는 캐릭터 출력 변화

- 높이값을 가감하는 변수를 이용하고 고양이의 동작에 사용되는 이미지들이 저장된 배열로 draw 함수를 실행한다.

- 키 입력 감지, draw 함수 호출, 입력에 따른 캐릭터 상태 적용은 Playing에서 구현되고 이미지 배열 적용, 위치변수 가감, draw 함수 내용은 Cat에서 구현된다.

- 점프 동작을 수행하는 도중에 다시 점프를 실행하려고 하면 캐릭터가 내려오는 도중일 때만 연속적인 점프 동작이 다시 수행된다.

[그림 33] 연속 점프 동작을 실행했을 때 보이는 캐릭터 출력 변화

(2) 슬라이드 : 고양이 캐릭터가 몸을 눕혀 장애물을 피하는 동작을 실행하는 기능

- 아래쪽 방향키를 누르면 상태 변수가 슬라이드로 바뀌고 슬라이드의 경우는 위치 변화없이 이미지만 슬라이드 동작 이미지로 변경되어 draw 함수를 실행한다.

[그림 34] 슬라이드 동작을 실행했을 때 보이는 캐릭터 출력 변화

- 슬라이드 동작은 아래쪽 방향키를 누르고 있는 경우에 적용이 되고 해당키에서 손을 떼면 바로 원래 동작으로 복귀한다.

(3) 아이템 : 고양이 캐릭터가 아이템과 닿았을 때 아이템을 획득하여 효과가 적용되는 기능

- 아이템은 실시간으로 캐릭터의 이미지가 차지하는 사각형 내부와 장애물 이미지가 차지하는 사각형 내부의 접촉 확인을 통해 획득했는지 알 수 있다. 마찬가지로 아이템도 이미지의 위치 좌표에 따라 접촉을 확인하고 접촉한 경우 해당 오브젝트 아이디를 통해 지정한 변화를 준다.

- 하트 아이템은 다음과 같이 두 종류로 나뉘며 분홍색 하트는 생명 0.5를 더해주고 빨강색 하트는 생명 1.0을 더해준다.

[그림 35] 캐릭터가 하트 아이템을 획득하는 동작

- 하트를 많이 획득해도 최대 생명은 5.0을 넘을 수 없다. 생명이 0이 되면 게임이 종료된다.

- 생선 아이템은 다음과 같이 두 종류로 나뉘며 노랑색 생선은 점수를 50점 더해주고 파랑색 생선은 점수를 10점 더해준다.

[그림 36] 캐릭터가 생선 아이템을 획득하는 동작

- 점수를 통해 랭킹이 적용되고 해당 기능은 플레이어 간 경쟁의 기반이 된다.

B. 이벤트 스테이지

이벤트 스테이지는 기본 스테이지에서 일정 시간마다 랜덤 확률로 발생한다. 해당 스테이지에서는 Z, X 키의 입력만 캐릭터 동작을 제어한다. Z, X 키는 모두 캐릭터의 상태를 공격으로 바꾸고 공격 동작을 실행하도록 한다.

[그림 37] 캐릭터가 덫을 공격하는 동작

장면 변수를 통해 이벤트 스테이지인 경우만 해당키에 반응하도록 하고 공격 동작은 점프처럼 고양이 이미지가 덫에 가까이 가서 나뭇가지를 휘두르고 제자리로 돌아오도록 위치 변수를 이용하여 조절한다.

3. 분석(작품 구현 과정 중의 문제점 분석 및 해결 방법)

가. 과제수행에 사용된 이론 및 기술의 조사 및 분석 결과

가-1) 본 과제를 수행함에 있어 활용된 수학, 기초과학

random 함수의 범위 지정에 관한 부분을 구현할 때 수학의 부등식 범위 변경에서 기초하여 시행하였다. 예를 들어, Math.random()로 나오는 난수의 범위는 0.0 < x < 1.0 인 실수인데 원하는 값이 30에서 170 사이의 10단위 정수인 경우 (ex: 30, 40, 50, … 등)

- 0.0 < 14x < 14.0
- 3.0 < 14x+3 < 17.0
- 30 < 10(14x+3) < 170

으로 원하는 값의 범위를 지정할 수 있도록 구현하였다.

가-2) 본 과제를 수행함에 있어 활용된 전공 이론과 정보기술

전반적으로 자바 프로그래밍, 데이터 구조론, 알고리즘 등의 전공 이론을 기초하여 수행하였다.

자바 프로그래밍에서는 그래픽사용자인터페이스(GUI), 스레드(Thread)의 개념을 많이 활용하였다. 먼저 각 화면의 객체 구성 및 출력을 구현하는데 자바의 그래픽사용자인터페이스(GUI)를 기반으로 했다. 화면의 틀이 되는 JFrame과 출력 객체 간의 관계를 이해하고 실행 화면 틀에 배경 이미지, 캐릭터 이미지, 장애물과 아이템 이미지를 배치했다. 그 다음 실행을 스레드 개념으로 구현하였다. 게임 내용이 계속 반복적으로 실행되어 화면 이동과 캐릭터 동작들이 이어지도록 했고, 한 번의 실행을 스레드 정지시간으로 조절하여 속도를 제어했다. 개발언어가 자바였기 때문에 과제 수행에 있어서 자바 프로그래밍의 이론을 많이 기초하였다.

데이터 구조론에서는 장애물의 생성과 삭제 리스트를 구현할 때 선입선출 구조를 가진 큐의 개념을 이용했다. 캐릭터에게 다가오는 장애물의 경우 가장 처음 장애물 리스트에 삽입된 것부터 차례로 화면에 등장하고 화면 밖으로 사라지는데 이러한 생성, 삭제

과정을 큐의 데이터 삽입, 삭제 구조에서 기초하였다.

알고리즘에서는 탐색의 개념을 활용하였다. 랭킹 시스템을 구축하는데 있어서 사용자의 점수와 랭킹 내부의 점수들을 비교하고 사용자의 알맞은 순위를 도출해 내는데 순차 탐색을 이용하였다.

가-3) 본 과제를 수행함에 있어 활용된 공학도구, 기술 및 장비

팀원이 함께 모여서 작업을 하는 경우가 많았기 때문에 개발과 테스트에 있어서 이동성이 갖춰진 장비를 주로 사용하였다.

다음은 활용한 공학 장비 리스트와 활용한 내용이다.

표 8 활용 장비 목록

장비 명칭	활용 항목
노트북 2대 (Intel Core i5-2410M CPU)	프로그램 코드 작성 및 실행파일 테스트
LG 톤플러스 블루투스 이어폰	실행파일 테스트 중 사운드 효과 작동 확인
USB 메모리 및 케이블	팀원 간 코드 공유 및 통합

나. 설계물에 대한 분석 및 보완

나-1) 작동원리 상에서 나타난 문제점 분석 및 보완

A. 게임 맵 생성 - 장애물 출력

장애물의 경우 배경이미지 위에 랜덤하게 출력되도록 작동을 구현했는데, 점프로 피해야 하는 장애물 중 하나인 담벼락의 틈새는 출력되는 것이 아니라 담벼락 일부를 출력되지 않도록 작동해야 했다. 배경의 담벼락은 일정한 배열이 계속 반복 출력되는 방식으로 구현되어 중간의 담벼락을 지울 수 없었다. 또한 지워도 그 부분을 장애물 객체처럼 인식하도록 구현하는데 어려움이 있었다. 결국 담벼락 틈새 대신 담벼락 위의 진흙 장애물을 추가하기로 결정했다.

[그림 38] 진흙 장애물 이미지

새로 추가한 진흙의 경우 기존 담벼락 틈새 장애물처럼 충돌 시 빠지는 동작을 하고 생명하락 역시 동일하게 유지했다.

B. 충돌 처리 - 사운드 출력

사운드는 wave 파일을 재생, 정지하는 메소드를 이용하여 특정 조건에서 발생되도록 하였는데 사운드 파일의 길이에 따라, 사운드 발생 조건의 발생 간격에 따라 재생이 밀리는 현상이 있었다. 이러한 문제점은 재생시간이 0.1초 미만인 파일에서 주로 발생한다는 것을 알아내었고 소리파일 수정 프로그램을 통해 최대한 보정하였으나 빠른 실행 환경에서는 여전히 문제가 계속되었다.

C. 랭킹 시스템

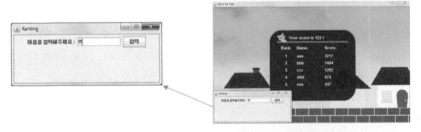

[그림 39] 랭킹 시스템에서 고득점인 경우 닉네임을 입력하는 창

랭킹시스템은 게임화면 내에서 사용자의 닉네임을 입력받아 텍스트 파일에 저장하고 자 했지만 게임화면 내에서 글자를 입력받는 컴포넌트들이 제대로 동작하지 않았다. 그래서 고득점인 경우만 닉네임을 입력받는 창이 따로 활성화되도록 새로운 Jframe을 생성하게 구현했다.

나-2) 구조도상에서 나타난 문제점 분석 및 보완

앞서 JComponent와 JFrame, JTextField 간의 관계 문제로 Rank클래스를 새로 만들어 닉네임 입력 창이 새로 생성되도록 작동을 변경했다. 이때, Playing에서 게임화면이 실행되는 도중에 플레이어의 생명이 0이 되면 점수에 따라 순위(Rank)의 닉네임 입력창이 활성화되어야 한다. 그러나 프로그램의 화면은 Main에서 생성되며 활성화될 수 있기 때문에 Playing에서 순위(Rank)를 생성하고 활성화할 수 없었다. 그래서 Main에서 순위(Rank)를 미리 선언해 놓고 Playing에서 Main.Rank로 참조하여 새로 할당 및 활성화하도록 만들었다. 최종적으로 보완된 구조도는 다음과 같다.

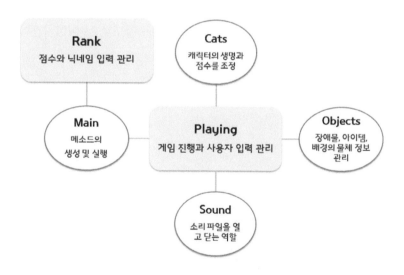

[그림 40] 객체 관계 중심 최종 시스템 구조도

나-3) 주요 기능상에서 나타난 문제점 분석 및 보완

A. 기본 스테이지

이벤트 스테이지에서 공격 동작을 실행할 때에 캐릭터가 제자리로 돌아오지 않고 화면 밖으로 사라지는 문제가 발생했다. 공격을 연이어서 실행하는 경우 캐릭터 위치에 가감을 주는 변수가 초기화되지 않은 상태에서 다시 변하기 시작하여 제자리로 돌아오기 위한 조건에 위배되는 문제였다. 따라서 연이은 공격에서 캐릭터 동작을 제어하는 조건을 만들고 제자리로 돌아올 수 있도록 수정하였다.

B. 이벤트 스테이지

장애물과 캐릭터, 아이템과 캐릭터가 서로 맞닿을 때 해당 기능이 실행되어야 하는데 닿지 않는 경우에도 기능이 실행되는 문제가 있었다. 각각의 객체 이미지가 배경 여백이 있지만 이미지의 네 꼭지점 좌표로 충돌을 검사하기 때문에 스치는 경우에도 기능이 실행되는 것이었다. 이를 파악한 후 모든 객체 이미지에 최대한 여백이 없도록 수정하였으며 여백을 감안하고 사람의 시각이 접촉을 인지할 수 있을 정도로 두 이미지간의 영역이 겹쳤을 때 기능이 실행되도록 바꾸었다.

4. 제작

가. 완성품 제작 결과

[그림 41] 완성품 실행 화면

나. 완성품 설명

- 이름 : Cat in the Trap

- 장르 : 러닝 & 액션

- 난이도 : ★★★☆☆

- 모티브 : 주인공이 모험 중 만나는 덫에 걸린 길고양이들을 구출해 주는 이야기

자바 이클립스 환경에서 제작된 게임이며, UI/UX 디자인면에서 사용자에게 친근감을 줄 수 있도록 전체적으로 아기자기한 분위기로 제작하였다. 기존의 러닝 장르의 게임을 기반으로 하였으나, 한 장르의 게임에만 제한을 두다보면 사용자들이 지루함을 느낄 수 있는데 본 프로젝트에서는 해당 부분에 대한 불만을 줄이고자 액션 장르를 이벤트 스테이지 형식으로 추가하여 하나의 게임 안에서 러닝과 액션의 두 장르를 모두 즐길 수 있도록 하였다. 본 게임은 기본 스테이지와 이벤트 스테이지로 나뉘어 있으며, 이벤트 스테이지는 기본 스테이지 플레이 중 랜덤으로 발동하게 된다.

다. 4.3 작품 제작 과정 정리

날짜	기획	설계	구현	테스트
1주차	아이디어 및 스토리 선정			
2주차		기본 진행 방식 및 화면 구성 구체화		
3주차		오락성 향상을 위한 추가 콘텐츠 디자인	무료 배포용 사운드 자료 수집 & 그래픽 디자인	
4주차		아이템, 점수 부여 방식 등 세부 사항 설계	기본 진행 화면 출력 & 메인 화면 출력	
5주차			장애물 출력 알고리즘 구현 & 캐릭터 동작 및 충돌처리	
6주차				
7주차			프로그램 1차 통합	
8주차			이벤트 스테이지 출력 & 엔딩 화면 출력	
9주차			구출 알고리즘 구현 & 이벤트 스테이지 동작 구현	
10주차				
11주차			프로그램 2차 통합	
12주차			튜토리얼 개발	1차 버그 수정 및 보완
13주차			랭킹 시스템 구축	2차 버그 수정 및 보완
14주차				시연 후 3차 버그 수정
15주차				개발 완료

[그림 42] 프로젝트 진행 일정

1주차는 프로젝트의 목표를 논의하였다. 브레인스토밍을 통해 최종 아이디어를 선정하고, 게임의 모티브 스토리를 설정하였다. 2주차에는 게임의 기본 진행 방식과 화면 구성 레이아웃을 어떻게 할지 구체적인 계획을 세웠으며, 3주차에는 게임의 오락성 향상을 위해 추가적인 콘텐츠 디자인을 시작하였다. 디자인에 앞서 작업시간을 최소화하기 위해 우선적으로 무료 배포용 사운드 자료나 이미지 파일을 수집하였고, 그 후 게임 테마에 어울리는 그래픽들을 추가적으로 디자인하였다. 4주차에는 아이템의 종류 및 효과, 그리고 점수 산정은 어떤 식으로 하면 좋을 지에 대한 세부사항을 설계하였으며, 동시에 기본 진행화면 출력 작업과 메인 화면 출력 작업 구현을 진행하였다. 5주차부터는 본격적으로 구현 단계에 집중하였다. 장애물이 출력되는 알고리즘을 구현하면서, 캐릭터의 기본 동작과 장애물에 충돌하였을 때나 아이템을 먹었을 때 발생하는 효과들을 설계한 것을 토대로 구현하였다. 7주차에서는 프로그램을 1차적으로 통합하였다. 1차 통합 후 해당 진행 단계까지 테스트한 뒤, 8주차부터는 이벤트 스테이지와 엔딩 화면 출력 작업 구현을 진행하였다. 9주차부터는 이벤트 스테이지에서 쓰이게 될 구출 알고리즘과 캐릭터의 공격 동작을 구현하는 작업을 진행하였다. 11주차에서는 프로그램을 2차적으로 통합하였고, 12주차부터는 버그 수정 및 보완 단계로 접어들었습니다. 메인 메뉴에 들어갈 튜토리얼 부분을 만들고 게임 오버 시에 나오는 랭킹시스템을 구축하며 게임 플레이 중 발견되는 버그를 잡아내는데 집중하였다.

라. 작품의 특징 및 종합설계 수행 결론

- 작품의 독창적인 측면을 설명(차이점 비교, 특이사항 등)

[이벤트 스테이지 발동]   [이벤트 스테이지 플레이]

[그림 43] 이벤트 스테이지

기존의 게임들은 한 장르만을 중점으로 다루었으나, 〈 Cat in the Trap 〉은 러닝 장르라는 베이스 위에 액션 장르를 얹어 새로운 느낌을 받을 수 있도록 제작된 게임이다. 대부분의 러닝 장르의 게임은 보너스 스테이지, 또는 피버 타임 등의 이름으로 아이템으로 점수를 더 받을 수 있거나 무적 상태로 변하며 속도가 빨라져 자동 플레이되는 식의 추가 컨텐츠가 있다면, 본 프로젝트의 게임은 위의 사진과 같은 미션 스테이지 형식의 추가 컨텐츠를 넣어 러닝 속 러닝이 아닌, 러닝 속 액션으로 구성하였다. 또한, 본 게임이 랭킹 시스템이 구축되어 있기 때문에 이벤트 스테이지의 미션 성공 시 추가 점수를 획득하도록 구성하였다.

마. 완성품의 사용 매뉴얼

image   music   Cat in the trap

[그림 44] 게임 실행 관련 파일

위와 같이 해당 이미지 파일과 음악 파일이 게임 실행파일과 함께 같은 폴더에 있어야 한다. 사진 가장 오른쪽에 보이는 실행파일을 마우스 왼쪽 버튼으로 더블 클릭하면 게임을 플레이할 수 있다.

[그림 45] 메인화면 메뉴 선택

실행파일을 실행하면, 위의 사진과 같은 메인화면이 나온다. 메인화면은 game start, game help, game exit 의 세가지 버튼으로 나뉘며, 키보드의 위, 아래 방향키로 이동 가능하며 엔터로 선택 가능하다. game exit 버튼을 누르면 게임을 종료할 수 있으며, game start 버튼을 선택하면 본 게임을 바로 즐길 수 있다. 게임을 시작하기 앞서 game help 버튼을 선택하게 되면,

[그림 46] 메인메뉴 중 game help 선택 시 화면

위의 사진에서와 같이 각 스테이지에서의 기본 조작법을 확인할 수 있으며, 키보드의 좌, 우 방향키를 통해 이동 가능하다. 메인메뉴로 돌아가고 싶을 때는 엔터를 사용하면 된다.

game start 버튼을 선택하여 게임을 플레이하게 되면 아래 왼쪽의 사진과 같은 기본스테이지의 게임을 시작할 수 있다.

[그림 47] 기본 스테이지 실행화면 및 기본 스테이지 조작법

기본 스테이지에서는 키보드의 위, 아래 방향키를 통해 점프와 슬라이드로 장애물을 피하면서 아이템을 획득하여 고득점을 달성하는 러닝게임을 즐길 수 있다. 게임 플레이 중 스페이스 바를 누르면, 일시정지 상태로 변하며 아래 사진과 같이 game continue, home menu, game exit 의 3가지 메뉴가 나온다.

[그림 48] 게임 플레이 중 일시정지 상태

가장 위쪽의 game continue 버튼을 선택하면, 진행 중이던 게임으로 돌아가 다시 게임을 플레이할 수 있다. home menu 버튼 선택 시, 메인 메뉴로 돌아가게 되며, game exit 버튼 선택 시 게임을 종료할 수 있다.

이벤트 스테이지의 경우, 30초마다 랜덤으로 발생한다.

[그림 49] 이벤트 스테이지 발생 및 플레이 화면

이벤트 스테이지에서는 제한시간 10초내에 덫에 갇힌 고양이를 구출하는 액션 장르의 게임으로 진행되며, 키보드의 z, x 키로 덫을 공격한다.

[이벤트 스테이지 성공]   [이벤트 스테이지 실패]

[그림 50] 이벤트 스테이지 미션 성공 및 실패 화면

이벤트 스테이지의 미션을 성공할 경우 위 사진의 왼쪽 화면과 같이 보너스 점수를 추가 획득하게 된다. 미션 성공 시 기본 1000점을 얻게 되며, 제한시간 중 남은 시간 만큼 초당 100점의 추가 점수를 획득한 후, 이전에 진행하던 기본 스테이지로 돌아간다. 예를 들어, 10초 중 9초 내에 구출에 성공한다면 1000점에 추가 100점이 더해져서 1100점을 획득할 수 있다. 미션에 실패하게 될 경우에는, 오른쪽에 보이는 화면이 나오며 이전에 진행하던 기본 스테이지로 돌아간다.

게임 오버 시에는 2가지 상황으로 나뉜다. 우선, 고득점을 달성하는 경우에는 게임 오버 화면이 나오기 전에 점수 확인과 함께 랭킹을 입력할 수 있다.

[그림 51] 순위 안에 들었을 때 랭킹 입력 화면

1위부터 6위까지만 랭킹에 등록 가능하며, 랭킹 등록을 원하지 않을 경우에는 엔터를 눌러 넘어갈 수 있다.

[그림 52] 순위 안에 못 들었을 때 화면

랭킹 안에 들지 못할 경우에는, 점수 확인만 가능하며 마찬가지로 엔터를 눌러 게임 오버 화면으로 이동 가능하다. 게임 오버 화면에서는 위의 오른쪽에 보이는 사진과 같이 game restart, home menu, game exit 의 3가지 메뉴가 있으며, game restart 버튼 선택 시에는 다시 게임을 플레이할 수 있고, home menu 버튼 선택 시에는 메인 메뉴로 돌아 갈 수 있으며, game exit 버튼 선택 시에는 게임을 종료할 수 있다.

5. 시험(시험결과 기술)

가. 최종 결과물에 대한 시험결과

최종 결과물은 아래와 같이 다양한 실행 환경과 다양한 테스터를 통해 시험해 보았다. 테스트는 본 프로젝트의 주요 기능에서의 오류 유무를 기준으로 수행하였다.

표 9 프로젝트 기능 테스트 결과

	게임 실행	메인메뉴 인터페이스	기본 스테이지 인터페이스	이벤트 스테이지 인터페이스	플레이 중 일시정지	게임오버 시 랭킹입력
테스터1	100%	100%	98%	98%	100%	98%
테스터2	100%	100%	100%	100%	100%	100%
테스터3	100%	100%	100%	100%	100%	100%
테스터4	98%	100%	98%	100%	100%	100%
테스터5	100%	100%	100%	100%	100%	100%
테스터6	98%	100%	100%	100%	100%	100%
테스터7	100%	100%	98%	98%	100%	100%
테스터8	100%	100%	100%	100%	100%	100%
테스터9	100%	98%	100%	100%	100%	100%
테스터10	100%	100%	100%	98%	100%	100%

총 10명의 테스터를 통해 게임의 주요 기능들을 테스트한 결과는 위의 표와 같다. 채점 기준은 100%의 경우 모두 이상없이 작동이 된 것을 의미하며, 98%의 경우에는 오류가 발생하지는 않았으나 추후에 오류가 발생할 수 있을 것으로 생각하는 부분을 나타낸 것이다. 테스트 결과, 이전에 2차 통합 이후 발생하였던 이벤트 스테이지에서의 공격 동작 시 캐릭터가 사라지던 부분이 없어졌다고 확인이 되었으며, 본 게임 프로젝트의 기능 면에서의 완성도를 99% 정도로 볼 수 있다고 판단하였다.

6. 평가

가. 작품의 완성도 및 기능 평가

본 프로젝트는 게임 제작 프로젝트로 진행하였기에, 작품의 완성도평가기준을 플레이어들의 만족도와 흥미도 위주에서 먼저 생각해보았다.

우선적으로, 프로젝트를 시작하기 전 기획 단계에서는 스테이지를 10개~20개 정도로 나누어 각 스테이지에 따른 난이도를 다르게 하고 점점 속도를 높여 오락성을 증진시키자는 의견이었으나, 그렇게 된다면 타 러닝 게임과 다른 점이 없다는 생각이 들어 방향을 바꾸게 되었다.

그 결과, 기존의 러닝 장르의 게임을 기본으로 하되 이벤트 스테이지의 형태로 게임의 중간 중간에 액션 장르의 게임을 추가하자는 의견으로 확정하여 기획과 설계를 시작하여 〈 Cat in the Trap 〉 게임이 지금과 같은 모습으로 원하던 방향으로 완성되었다.

또한, 기능적인 부분에 있어서는 3장 1절에서 설정하였던 목표와 비교하여 완성도를 판단하였다. 우선 초기에 기획 및 설계 단계에서 목표로 설정하였던 기능은 모두 완성하였다.

본 게임을 실행할 때 보완이 필요한 취약 부분은 이미지 파일과 음악 파일은 해당 파일이 삭제되는 경우에 게임이 제대로 실행되지 않는다는 부분이다. 또한, JDK가 설치되어 있어야 실행이 가능하다는 점에서도 역시 아쉬운 부분이 있다.

나. 기대효과 및 영향

나-1) 기대효과

단순히 오락성을 추구하기 위한 게임이 아닌, 게임을 통해 사회적 문제를 환기하고자 하는 기대를 담아 제작하였다. 게임 주인공인 고양이가 모험을 하면서 덫에 걸린 길고양이를 구출해준다는 테마 모티브로 제작하여, 길고양이에 대한 사회의 부정적인 인식을 개선하고자 하였다.

사회에서 유기견에 대한 인식은 긍정적인 경우가 많았지만, 유기묘에 대해서는 대부분이 부정적인 경우가 많았다. 특히 근래에 화제가 되었던 캣맘 사건만 해도 알 수 있는 부분이라고 생각한다. 주인에게 버려진 오갈 데 없는 길고양이에게 밥을 챙겨주는 것으로 인해 주변 환경이 시끄러워진다, 고양이 울음소리 때문에 피해이다 라는 식의 인식으로 부정적인 경우가 많고, 그로 인해 자연스럽게 동물학대까지도 이어지는 경우가 종종 발생한다.

이는 어른들의 부정적인 인식이 아이들에게까지 영향을 미칠 수 있으며, 순수한 아이들에게 폭력성을 일깨워주기도 한다. 그래서 우리는 본 프로젝트를 통해 아이들에게, 그리고 어른들에게, 사회에게 메시지를 전해주고자 하는 취지를 담았다. 중간 중간 나오는 이벤트 스테이지 미션인 길고양이 구출을 통해 고양이도 보호받아야 하는 동물이라는 인식을 심어주고자 하였고, 크게는 추후에라도 길고양이 보호 협회와 같은 단체들과 함께 인식 개선 캠페인을 진행할 수도 있다고 생각하였다.

그래서 게임이지만 단순히 오락성에만 중점을 둔 게임이 아닌, 사회의 인식 개선에 이

바지할 수 있는 훌륭한 취지의 게임을 만들고 싶다는 마음으로 본 프로젝트를 진행하였다.

나-2) 해결방안의 긍정적 및 부정적인 공학적 영향

기본 스테이지에서 장애물이 랜덤으로 출력되기 때문에 점프와 슬라이드를 적재적소에 맞게 사용하도록 두뇌회전에 도움이 될 수 있도록 하였으며, 이벤트 스테이지에서는 미션 수행을 위한 제한시간이 있기 때문에 시간 내에 일을 완성해야 한다는 인식을 심어주고자 하였다.

컴퓨터 게임을 통해 키보드를 사용하게 되면 지능 발달에 긍정적인 영향을 줄 수 있다는 장점이 있지만, 반대로 게임 중독이라는 부정적인 영향이 발생할 수도 있다. 그래서 앞서 언급하였듯이 이벤트 스테이지에서 제한시간 동안 미션을 해야한다 라는 부분을 통해 시간에 대한 중요성을 일깨워 주고자 하였고, 그로부터 시작하여 게임 역시도 시간을 정해두고 해야한다는 생각으로 이어질 수 있도록 하였다.

다. 작품제작 후기

이번 프로젝트를 통해 느낀 바는 팀원 간 협동, 책임감의 중요성과 다양한 기본지식의 필요성이다. 기획과 설계 단계에서 팀원 각자의 역할을 분담했지만 개인 스케줄에 의해 많은 변동이 있었다. 서로 프로젝트를 완성하겠다는 의지를 가지고 협동하였으며 각자 재분배한 역할을 열심히 수행하고자 책임감을 가지고 임했기에 성공적으로 마무리할 수 있었다. 그리고 여타 팀 프로젝트에서 보다 크게 느낀 것은 다양한 기본지식의 필요성이다. 게임 개발에 필요한 장르 선정, 테마 선정 등에서 게임 산업계의 다양한 이슈들을 조사해야 했고 시사적인 지식 외에도 개발에 필요한 수학, 과학적 지식들이 필요했다. 또한 UI를 디자인할 때에도 많은 연구 결과에 영향을 받았다. 이러한 경험을 통해 프로그래밍뿐만 아니라 다방면의 지식을 갖춘 인재로 거듭나야겠다고 느꼈다.

라. 팀 개요 및 역할분담

러닝 액션 게임 개발팀은 총 인원 2명으로 구성되어 있으며 각 팀원은 다음과 같은 게임 개발관련 경험을 가지고 있다.

팀원 모두 게임 개발 분야에 관심이 있고 자바언어에 대한 이해도가 있었기 때문에 즐겨하던 게임 장르인 러닝 게임을 직접 개발하기 위해 모였다. 각자 프로젝트에서 맡은 역할은 다음과 같다.

김○진	김○연
- 사운드 리소스 수집	- 배경 및 UI 그래픽 디자인
- 기본, 이벤트 스테이지 개발	- 캐릭터 이미지 리소스 수집
- 아이템 및 장애물 기능 구현	- 튜토리얼 페이지 개발
- 프로그램 통합	- 랭킹 시스템 구현

[그림 53] 팀원 역할 분담

각자의 경력을 살려 프로젝트 역할을 분담했다. 김지연 팀원은 다양한 기획 프로젝트 경험을 토대로 디자인과 리소스 수집을 진행했고, 자바 언어를 학습하며 메인 화면의 튜토리얼 페이지와 랭킹 시스템 구현을 맡아 진행했다. 김명진 팀원은 게임 프로그래밍 경험을 토대로 게임 구현의 전반적인 프로그래밍을 맡아 진행하며, 리소스 편집을 함께 수행했다. 주로 프로그래밍과 디자인으로 나누어 진행했으나 각자의 프로젝트 이해도를 살리기 위해 서로의 분담 내용을 함께 공부하며 통합했다.

마. 참고문헌

- Power JAVA 2판(인피니티북스 / 천인국, 하상호 공저)

- 구글 플레이 스토어

- 쿠키런 사이트

- 윈드러너 사이트

- http://cocos2d-x.org/programmersguide/

- http://unity3d.com/kr/learn/tutorials

- http://www.galawana.com/unity3d-simple-parallax-scrolling/

[첨부 1] 작품 주요 사진(동영상) 첨부

작품 명 : Cat in the Trap
(러닝 액션 게임)

다음은 작품의 주요 진행화면이다. 좌측 상단에 캐릭터의 생명, 우측 상단에 캐릭터의 점수가 표시된다. 캐릭터는 화면 좌측 하단에 위치하며 점프, 슬라이드 동작을 통해 나무, 전봇대, 진흙 장애물을 회피하고 생선, 하트 아이템을 획득할 수 있다.

다음은 작품의 특징적인 콘텐츠 화면이다. 이벤트 스테이지로 기본 진행에서 랜덤하게 발생한다. 캐릭터와 캐릭터가 부숴야하는 덫이 화면 하단 중앙에 표시되며 상단에는 제한 시간과 덫의 체력이 표시된다.

[첨부 3] 〈캡스톤 설계 학습성과 평가 결과서_(졸업심사 양식)〉

팀 명 : 러닝 액션 게임 제작팀

■ 캡스톤 설계 제목

흥행 게임 인터페이스를 기반으로 한 완성도 높은 게임의 설계

■ 캡스톤 작품 개요

Cat in the Trap(러닝 액션 게임)

기존에 흥행했던 러닝 게임 장르의 흥행 요인을 분석하고 흥행 요인은 유지하되, 기존의 게임들에서 플레이어가 느꼈던 부족한 점을 보완하는 방향으로 새로운 게임을 제작하였다. Cat in the Trap은 러닝 게임의 진행을 기반으로 하며 플레이어들이 느꼈던 지루함을 없애기 위해 이벤트 스테이지로 액션 게임을 추가하고 오락성을 높인 작품이다.

■ 작품 사진(동영상) 첨부

9.3 프로젝트 사례 III

> **제목** : 어. 무. 다 삼각지대 (어디서 무엇이 되어 다시 만나랴)
>   (부제 : 어디서 만날지 최적의 위치장소 추천제안 프로그램)

Ⅰ. 프로젝트 보고서

1) 종합설계의 개요

1. 설계의 개요(Abstract or Concept)

본 종합설계 과제는 컴퓨터 환경에서 C#과 JavaScript(다음지도Api, 구글지도Api)를 이용하여 최적의 위치장소를 추천제안하는 것이 주요 목표이다. C#의 각종 네임스페이스(NameSpace)의 활용과 각종 API의 응용 및 활용하여 어디서 만날까를 구현하였다.

2. 설계의 배경 및 필요성

친구들과 매번 같은 장소에서 가던 곳만 가는 지루함을 해결하기 위해 프로그램을 제작했다. 기존의 많은 프로그램에서는 각 지역마다의 맛집 추천 프로그램들이 존재하지만, 만날 사람들의 위치를 입력받아 위치와 최적의 장소를 추천해주는 프로그램이다.

2) 설계의 현실적 제한조건 기술

가. 현실적 제한조건과 이에 따른 고려내용의 기술(필요시 자료첨부)

현실적 제한조건		
제한요소		고려할 내용
1. 산업표준	설계 제작품의 산업 표준 규격 참조	향후 출시를 위한 SW사업관련 법령 준수여부 검토가 필요합니다.
2. 경제성	가능한 한 저렴한 비용과 주어진 여건 아래에서 제작	기존의 지도서비스의 한 부분으로 들어가는 기능으로 구현하였습니다.
3. 윤리성	참고 문헌 및 제품 인용 표시	참고 및 사용하였던 프로그램의 상호명을 명확히 명시하였습니다.
4. 안전성	안전하게 구현	소프트웨어 사용으로 안정성에 대한 위협이 없습니다.
5. 신뢰성	지속적으로 구동	각 지점마다 예외처리를 통해 최대한 에러가 안 나도록 수정보완 하였습니다.
6. 미학	가급적 공학적 실용성을 갖춘 외형 구비	사용하기 편리한 사용자 인터페이스(UI)를 제공하였습니다.
7. 환경에 미치는 영향	환경 유해 물질의 사용과 설계 제작품의 폐기 시 절차 규정	소프트웨어 분야의 시스템 부분으로 환경 유해의 걱정으로부터 탈피하고 폐기 시 프로그램 삭제이므로 절차가 필요없습니다.
8. 사회에 미치는 영향	사회 전반에 유익한 영향을 미치는 설계 제작품 창작 및 적용 분야 명기	기존 지도제공 서비스에 기능을 추가하여 사람들의 편리성을 제공 해줄 수 있습니다.
9. 기타	지역 특성화 산업과 연계성 고려	지역에 대한 사업자들에 대한 간접광고를 포함하기에 지역경제를 활성화 시킬 수 있습니다.

3) 설계 구성요소에 따른 결과 기술

⊙ 설계의 구성요소 체크 항목

설계 구성요소		
구성요소		**실시여부**
1. 목표설정	– 브레인스토밍 등의 아이디어 창출 도구를 이용하여 설계 목표를 설정 – 현실적인 제한요소와 공학적인 제한요소를 감안하여 설정	실시 완료
2. 합성	– 설계목표에 달성에 필요한 관련기술을 조사 분석하여 제작 가능한 설계 안 제시(작품의 개념을 1차 합성함)	실시 완료
3. 분석	– 다양한 방법으로 자료를 수집하고, 포괄적인 문제에 대한 분석 또는 결 과물에 대한 유용성 분석을 실시 – 다양한 도구를 이용하여 설계서 작성 및 주요 부분에 대한 해석 결과 제시	실시 완료
4. 제작	– 공학실무에 필요한 기술 방법, 도구들을 사용하여 설계서에 따른 제작, 혹은 프로그램 작성	실시 완료
5. 시험	– 최종 결과물에 대한 시험 – 안전하고 지속적으로 구동가능한가를 테스트	실시 완료
6. 평가	– 최종 시작품이 설계 가이드라인을 만족하고 결론이 일치하는지 평가하 고 일치하지 않을 경우 개선 방안 고찰 – 발표 능력 평가	실시 완료

1. 목표 설정

가. 문제해결을 위한 아이디어 및 구체적인 방법

기존의 지도서비스를 제공하는 회사들은 각각의 지정된 장소의 길찾기 서비스를 제공하는 1인칭 시점 서비스 환경을 제공하고 있다. 어디서 만날까? 라는 프로그램은 3인칭 시점에서 두 사람의 위치를 입력하고 거리비율을 조정하여 최적의 장소를 제공하는 프로그램이다.

나. 수행목표

과제 수행의 주요 세부 목표는

1) 최적의 위치장소 추천

2) 사용자의 편리성을 제공하기 위해 쉽고 편리한 사용자 인터페이스(UI) 제공

3) 사용자간의 정보공유를 쉽게 하기 위한 스크린샷, 프린트, 이메일을 통한 공유를 제공

4) 사용자가 직접 장소들의 목록을 수정 보완할 수 있는 개발자모드 제공

2. 합성
가. 기초 조사

본 과제에서 개발될 위치장소 추천을 위해

1) 기존의 지도서비스 실태

2) 제공되는 오픈API 조사

를 실시하였다.

■ 기존의 지도 서비스와 실태

그림 1 - 네이버	그림 2- 다음	그림 3 - 구글

※ 출처 : 네이버지도 : http://map.naver.com/,
　　　　　구글지도 : https://www.google.co.kr/maps?source=tldsi&hl=ko
　　　　　다음지도 :http://map.daum.net/

- 네이버지도, 다음지도 : 우리나라 지도서비스 1,2위로 우리나라의 모든 지역의 교통 정보 및 시간을 제공한다.

- 구글지도 : 전 세계 지도 서비스 1위로 간편한 사용자 인터페이스(UI)를 제공하지만 우리나라에 적용시키기에는 대도시들의 교통정보만을 정확히 표현하고 소도시의 길찾기 서비스를 정확히 제공하지 않고 단순 직선으로 제공하는 단점이 있다.

■ 제공되는 오픈API 조사

	길찾기 서비스 제공	정확성	편리한 API 제공	예제소스제공
네이버	X	O	O	소수
다음	X	O	O	다수
구글	O	X	O	소수

개인적인 판단으로 프로그램 제작의 편리한 순은 다음 〉 구글 〉 네이버

순으로 프로그램에 적용하도록 판단하였다.

가-1) 관련분야의 이론 및 기술현황 조사

장소를 추천해주는 어플리케이션 혹은 맛집 추천을 조사하였다.

그림 4 – 비트윈데이트	그림 5- 더줌	그림 6 – 야놀자데이트

※ 출처 : 비트윈데이트 :https://betweendate.com/
　　　야놀자데이트 : http://main.yanolja.com/
　　　더줌 : https://play.google.com/store/apps/details?id=com.thezumapp.and&hl=ko

가-2) 현 상황에서의 문제점 또는 해결이 필요한 사항

하지만 위치정보에 따른 비율로 장소를 추천해주는 어플리케이션은 볼 수 없었다. 기존의 사람들이 많이 방문한 명소들만을 추천해주고, 이미 정해진 장소를 추천해주는 기능만을 제공하였다. 특정 두사람뿐 아니라 새로운 두사람 사람간의 위치정보를 활용하여 최적의 장소를 추천해주는 기능을 구현하고 싶어서 만들게 되었다.

나. 개념의 합성(개념 설계)

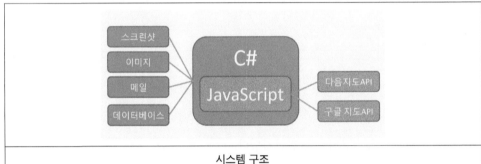

시스템 구조

프로그램은 기본베이스는 C#으로 작성되어있으며 그 속의 WebBrowser에 JavaScript를 불러 들어온다. JavaScript파일은 다음지도 API와 구글지도 API를 이용하여 각 사용자 지정함수를 만들었다. C#에서 JavaScript함수를 호출하고, JavaScript에서 C#함수를 호출한다. 또한 C#에서 OleDB를 이용하여 Excel 2003과 연동하여 위치정보를 받아온다. 이미지 처리를 이용하여 이미지 겹치기와 사이즈 조절 및 이미지 자르기를 구현하였다.
SMTP로 화면을 스크린샷 하여서 전송시킨다.

나-1)

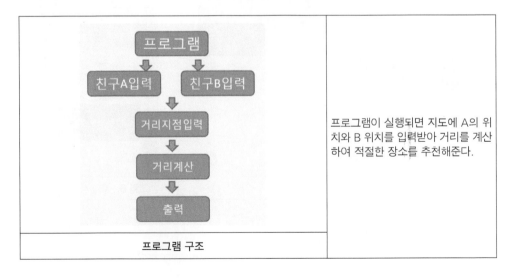

프로그램이 실행되면 지도에 A의 위치와 B 위치를 입력받아 거리를 계산하여 적절한 장소를 추천해준다.

프로그램 구조

나-2) 주요 기능

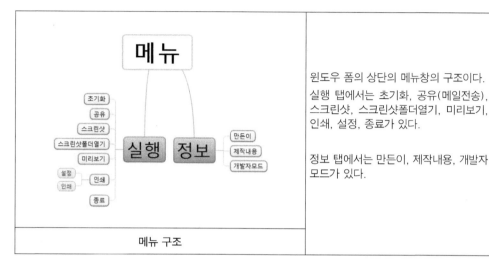

윈도우 폼의 상단의 메뉴창의 구조이다.

실행 탭에서는 초기화, 공유(메일전송), 스크린샷, 스크린샷폴더열기, 미리보기, 인쇄, 설정, 종료가 있다.

정보 탭에서는 만든이, 제작내용, 개발자 모드가 있다.

메뉴 구조

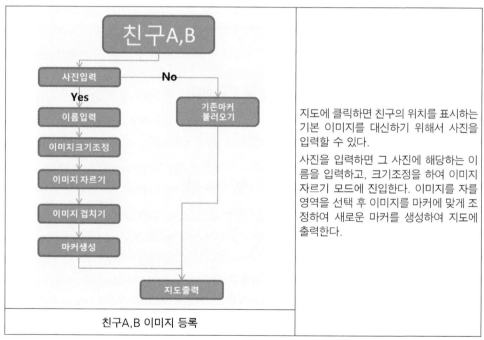

지도에 클릭하면 친구의 위치를 표시하는 기본 이미지를 대신하기 위해서 사진을 입력할 수 있다.

사진을 입력하면 그 사진에 해당하는 이름을 입력하고, 크기조정을 하여 이미지 자르기 모드에 진입한다. 이미지를 자를 영역을 선택 후 이미지를 마커에 맞게 조정하여 새로운 마커를 생성하여 지도에 출력한다.

친구A,B 이미지 등록

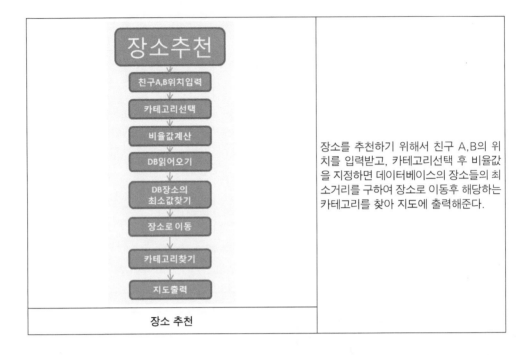

장소를 추천하기 위해서 친구 A,B의 위치를 입력받고, 카테고리선택 후 비율값을 지정하면 데이터베이스의 장소들의 최소거리를 구하여 장소로 이동후 해당하는 카테고리를 찾아 지도에 출력해준다.

장소 추천

3. 분석(작품 구현과정 중의 문제점 분석 및 해결 방법)

가. 과제수행에 사용된 이론 및 기술의 조사 및 분석 결과

가-1) 본 과제를 수행함에 있어 활용된 수학, 기초과학

- 두 사용자간의 위도와 경도를 좌표로 생각하고 프로그램 상에서 입력받은 m:n의 비율 값을 가지고 내분점을 찾아낸다.

$$P\left(\frac{mx_2 + nx_1}{m+n}, \frac{my_2 + ny_1}{m+n}\right)$$

A(x1,y1)   m   n   B(x2,y2)

- 내분점과 기존의 데이터베이스에 저장된 위치장소의 최소값을 찾아 최소값의 위치
장소로 이동시킨다.

가-2) 본 과제를 수행함에 있어 활용된 전공 이론과 정보기술

- C#의 Oledb네임스페이스를 이용하여 excel과 DB연동

- C#의 drawing image를 이용하여 이미지 처리 및 이미지 겹치기 기술

- C#의 SMTP를 이용하여 메일 보내기 활용

가-3) 본 과제를 수행함에 있어 활용된 공학도구, 기술 및 장비

그림 7-Visual Studio 2010	그림 8 – 구글 지도 API	그림 9 – 다음지도 API

나. 설계물에 대한 분석 및 보완

나-1) 작동원리 상에서 나타난 문제점 분석 및 보완

국내를 기준으로 제작하며 선정한 것이 구글지도 API였다. 하지만 기능을 구현하다
보니 길찾기 서비스는 비공개 API였다. 유사기능의 구글 지도 API가 공개였지만 한국 내
에서 길찾기 서비스는 그냥 직선거리로 표시하는 경우가 많으며 정확한 결과값을 얻지
못하여 결국엔 길찾기 서비스를 넣지 않았다. 만약 처음부터 구글지도 API를 써서 만들
었다면 보다 완벽하게 구현하였을 것이다.

나-2) 구조도상에서 나타난 문제점 분석 및 보완

닷넷프레임워크4.0이 설치되어 있지 않은 컴퓨터 환경에서 실행이 불가능하다. 따라서 프로그램 실행 시 닷넷프레임워크를 설치하여야 하는 번거로움이 있다. 이는 배포할 때에 닷넷프레임워크4.0을 포함하여 배포하도록 하겠다.

나-3) 주요 기능상에서 나타난 문제점 분석 및 보완

마우스를 화면에 잘못 클릭하였을시 기존의 마커(Marker)정보가 사라지게 된다. 하지만 이 기능은 사용자를 다른 곳으로 지정하기 위해 구현하였으나 두 부분이 겹치게 되어 오류를 범하면 새로 프로그램을 실행시켜야 한다.

4. 제작

가. 완성품 제작 결과(사진)

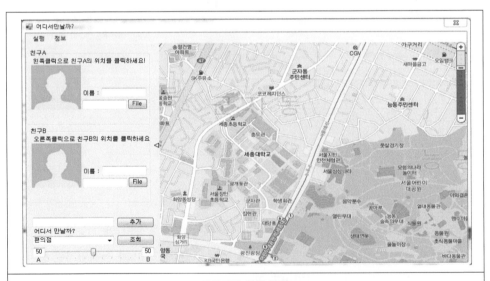

프로그램 실행 화면
프로그램의 기본 실행화면이다. 친구 A, B의 이름 및 사진을 입력할 수 있고 지도에 클릭하여 위치를 나타낼 수 있다. 또한 A와 B 사이의 비율을 조정할 수 있고 텍스트를 입력하여 지도에 표현할 수 있다.

각자의 사진과 이름을 이용한 지도출력

각자의 사진과 이름을 이용하여 사용자의 마커(Marker)를 만들었습니다. 이미지위로 마우스 오버 시 원본
화면이 출력된다.

어디서 만날까 조회버튼 클릭

현재 A와 B의 위치의 중간점으로 조회를 시작하여 데이터베이스에 저장되어 있는 장소 중 신촌과 세종대의
중간지점과 가까운 장소인 명동의 카페를 추천하였다. 각 마커(Marker)를 클릭하면 장소 이름과 주소 전화
번호 및 클릭하면 장소검색이 가능하다.

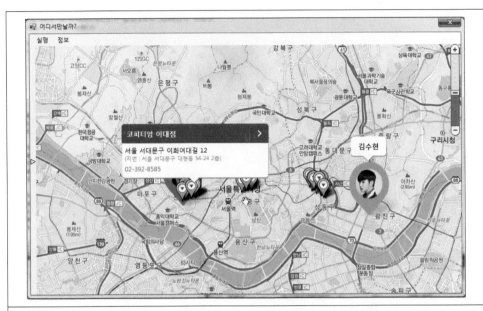

비율을 A에 가중치, B에 가중치, 중간값으로 실행한 값

A의 위치 쪽에 가깝게 B의 위치 쪽에 가깝게 혹은 정중앙으로 했을 때 값들을 비교하기 위해 마커(Marker)를 지우지 않고 계속 두어 사용자의 원하는 위치를 찾을 수 있도록 하였다.

원하는 글을 지도에 표현할수 있다.

지도에 자신이 원하는 글 문구를 추가할 수 있다. 여러 개를 입력하여 간단한 공지사항이나 문구를 표현할 수 있다.

나. 완성품 설명

- 기존에 DB에 저장된 위치정보로 두 사용자간의 거리의 비율에 따라 장소를 추천해 준다.

- 개발자 모드를 이용하여 DB에 장소를 삽입, 수정할 수 있으며 삽입을 통해 위치를 적용시키고 추천받을 수 있다.

- 추천된 장소를 클릭하면 지도정보가 나온다.

- 사용자들의 사진을 선택하여 지도에 표시할 수 있다.

- 지도에 임의의 텍스트를 추가할 수 있다.

- 스크린 샷을 찍고 저장할 수 있다.

- 현재 보여지는 화면을 인쇄할 수 있다.

- 현재 보여지는 화면을 SMTP를 사용하여 이메일 전송을 할 수 있다.

다. 작품 제작 과정 정리

추진 일정	
9월 3주	설계 단계 및 개발환경 설정
9월 4주	설계 마무리
9월 5주	개발 – C#과 JavaScript 연동 구현
10월 1주	개발 – 지도 API 를 이용한 사용자 위치정보
10월 2주	개발 – 알고리즘 구현
10월 3주	개발 – 알고리즘 구현
10월 4주	개발 – UI 최적화
10월 5주	테스트 및 Feedback 을 통한 수정
11월 1주	테스트 및 Feedback을 통한 수정
11월 2주	시연

라. 작품의 특징 및 종합설계 수행 결론

기존 비트윈 데이트, 더줌, 야놀자 데이트 어플리케이션에서는 사용자를 기반으로 장소를 추천해주는 방법이 아니라 이미 지정된 장소에서 상호명들을 추천해주는 서비스를 제공하고 있다. 이에 반하여 어디서만날까? 라는 프로그램은 사용자간의 위치정보를 입력받아 거리비율을 조정하여 위치장소를 추천하는 프로그램이다.

마. 완성품의 사용 매뉴얼

마우스의 왼쪽클릭으로 친구A의 위치 선택, 마우스 오른쪽 클릭으로 친구B의 위치 선택 후 거리비율을 택하여 조회를 누르면 위치장소를 얻을 수 있다. 상단의 메뉴에 따라 스크린 샷, 이메일 보내기, 개발자 모드 등의 추가기능을 이용할 수 있다.

5. 시험(시험결과 기술)

가. 최종 결과물에 대한 시험결과

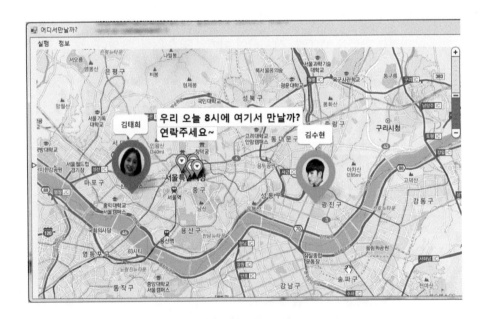

원하는 마커(Marker)의 삭제를 구현하는 것이 불가능하다. 기존의 API들을 가져오느라 각 마커의 마우스 이벤트 헨들러들이 상당히 복잡하게 엉켜있는 상태라서 정확히 구현을 하지 못하였다. 하지만 이것을 뺀 나머지들은 모두 정상적으로 작동을 잘 하고 있다.

※ 지인 30명을 대상으로 한 평가표

분류	문항	내용	점 수				
			1	2	3	4	5
창의성	1	프로그램 제목이 창의적이다.	2	3	5	8	12
	2	프로그램의 내용이 관심을 자극한다.	1	1	2	6	20
	3	앞으로 사용하고 싶은 마음이 든다.	0	2	3	7	18
효과성	4	프로그램의 편의성이 우수하다.	3	5	10	5	7
	5	프로그램 내용이 우수하여 다른 사람에게 권유할 수 있을만하다.	3	3	7	7	10
적절성	6	프로그램 사용 방법이 간단하고 편리하다.	3	6	7	7	7
	7	프로그램 내용이 선정적이거나 성적으로 논란이 될 소지가 없다.	0	0	0	5	25
	8	앞으로 시장에 꼭 출시되었으면 한다.	0	1	3	6	20
합계			30/30				

응답보기	전혀 그렇지 않다	그렇지 않다	보통이다	그렇다	매우 그렇다
	1	2	3	4	5

6. 평가

가. 작품의 완성도 및 기능 평가

처음 계획과는 많이 다른 결과를 도출하게 되었지만 초기의 목표달성을 이루었다. 또한 현존하고 있는 지도 서비스들과 비교하여 제공되지 않는 사용자간의 위치정보로 장소를 추천하는 서비스를 제공하고 있다.

나. 기대효과 및 영향

나-1) 기대효과

우리나라 대표적인 지도서비스 다음지도, 네이버지도에 추가적인 서비스로 도입하여 사용자들의 편리성을 제공할 수 있다. 이는 저의 프로그램 목적과 지도서비스의 융합으로 보다 더욱 효율적인 서비스창출을 이루어낼 수 있을 것이다.

나-2) 해결방안의 긍정적 및 부정적인 공학적 영향

- 세계적 : 지도서비스의 원리를 기반으로 하였기 때문에 전 세계적으로도 사용가능할 수 있다. 이는 먼 나라에 사는 사람과의 만남의 장소도 추천받을 수 있으며 국내뿐만 아니라 세계적으로도 이용할 수 있다. 예를 들어 구글에 이러한 서비스를 제안하여 채택이 된다면 현재 우리나라에서만 적용되는 이러한 서비스를 국제적으로 사용할 수 있을 것이다.

- 경제적 : 기존의 사람들과의 만남에서 장소를 선택하는데 있어서 많은 시간을 소비하고 있다. 이는 사람들 간의 시간적 소비를 절감해주는 장점을 가지고 있다.

- 사회적 : 기능이 아무리 좋아도 사용자가 사용하기 불편하면 사용되지 않는 것이 프로그램이다. 사용자들에게 가장 최적화된 프로그램을 제공하며 간편한 클릭으로 사용할 수 있으므로 사람들에게 편리하고 친숙하게 작용할 것이다.

다. 작품제작 후기

- 같은 동네에서 살던 친한 친구가 약 한 시간 거리로 이사를 하게되었다. 한번은 친구가 저희 동네로 그다음엔 내가 그 친구동네로 가며 친구를 만나는 도중 우리 딱 중간은 과연 어디일까? 라는 의문을 가지게 되었다. 컴퓨터공학과 동기로써 그 친구와 이야기를 나누며 어디서 만날지 정해주는 프로그램이 있으면 좋을 것 같다는 생각에 시작하게 된 프로젝트이다. 캡스톤 디자인 수업을 들으며 거의 매주 진행사항을 발표하게 되었다. 다른 사람들의 프로젝트를 매주 보며 잘하는 팀과 비교하여 반성하는 시간을 가졌고, 못하는 팀을 보며 그러한 팀처럼은 하지 말아야겠다는 점을 배울 수 있었다. 또한 다른 팀에서 사용한 원리를 바탕으로 저희 팀에 적용할 수도 있었던 좋은 기회였다. 매주 발표가 있어 부담을 가졌지만, 교수님의 피드백을 받으며 프로그래밍 실력과 프로젝트의 완성도를 높여 갈 수 있었습니다.

- 아쉬운 점은 솔직히 자바스크립트를 배워본 적도 없고, 구현원리도 모른 체 예제 소스 만을 가지고 시작하였고, 솔직히 지금도 제가 발견하지 못한 수많은 버그, 예외처리하지 못한 버그들이 많이 있을 것이다. 하지만 이번 캡스톤 디자인 설계과목을

통해 처음 접해본 자바스크립트도 경험해볼 수 있었다.

• 구현을 진행하며 프로그램에 기능을 추가할 때마다 새로운 프로젝트를 만들어 부분 구현한 뒤 한 부분이 구현되면 완성하는 형태를 만들었다. 이는 기존의 한 프로젝트에서 여러 명이 적절한 배분을 가지고 구현을 하면 좋을 것 같다는 것을 깨달았다. 제가 배워보진 못했지만 소프트웨어공학이라는 수업에서는 이러한 프로그램을 만드는 설계과정을 배울 수 있다고 들었다. 코딩실력을 향상시키고 싶어 이론수업이라 중요하게 생각하지 않고 안 들었던 것이 후회가 되었다. 프로그램의 구현능력도 중요하지만 그보다 더 중요하다는 것이 프로그램 설계라는 것을 깨닫게 되었다. 내가 어느 정도 진행을 하다보니 더 구현하려고 하면 프로그램의 전체를 바꿔야 하는 것을 깨닫고 구현을 포기한 적도 생기게 되었고, 어떤 경우는 이렇게 구현했기 때문에 더 편한 경우도 깨닫게 되었다. 컴퓨터공학과 수업을 들으며 많은 과목들을 프로그램 설계 없이 진행해왔다. 하지만 점차 프로그램의 범위가 커지고 다양한 것을 다루면서 점차 프로젝트 설계의 중요성을 깨닫게 되었다.

• 대학교의 마지막 학기를 들으며 캡스톤 디자인 설계과목과 다른 전공과목 단 2과목만 수강하면서 다른 학생들보다 여유롭게 수업을 진행하였다. 다른 과목에 부담없이 캡스톤 디자인설계에 많은 시간을 할애할 수 있었으며 집에서 프로그램을 구현하며 밤새 구현하여 해가 뜨는 것을 여러 번 경험하였다. 대학교에서 듣는 마지막 수업에서 제가 구현해왔던 방식들을 최대한 활용하여 많은 것을 구현하려고 노력했다. 프로젝트를 진행하며 백지상태에서 하나하나씩 구현되가는 즐거움을 깨달았고 대학생활 중 가장 흥미 있고 즐기면서 했던 프로젝트였다고 생각된다. 기존의 틀에 박힌 과제를 위한 코딩들이 많이 존재했다면 이번 설계프로젝트를 통해 직접 만들고 싶었던 프로그램을 수업을 통해 교수님의 피드백을 받으며 수정보완해가며 점차 완성도 있어가는 프로그램의 구현 경험은 어디서도 살수 없는 값진 경험이었다고 생각된다.

• 캡스톤 디자인 설계 과목을 들으며 프로그램을 만들 때 프로그래밍 실력만으로는 한계가 있다는 것을 크게 깨달았다. 기존의 설계 과목에서 프로젝트의 개요 및 추진 일정과 같은 것들이 매우 중요하게 느껴졌고 이러한 경험은 나중에 사회에 나가서도 많은 도움이 될 것이라고 느끼게 되었다.

라. 팀 개요 및 역할분담

직 책	성 명	이력	담당 업무	기간
팀 장	홍길동	26세, ○○대학교 컴퓨터 공학과 (4학년 2학기)	C# & JS (PC기반 개발) Feed Back을 통한 수정 프로그램 개발 및 테스트 구현 설명 발표 사항 정리 및 수정	2015. 9. 7 ~ 2015. 12. 7
팀 원	성춘향	28세, ○○대학교 디지털콘텐츠학과 및 영화예술학과 (추가학기)	각 분야별 문서 제작 발 표 개발 내용 검토 및 수정 아이디어 회의 및 도출 프로그램 개발 및 테스트 설문 조사 및 평가	2015. 9. 7 ~ 2015. 12. 7 (11월 공백)

마. 참고문헌

- 그림 1 - 네이버지도 : http://map.naver.com/

- 그림 2 - 다음지도 : http://map.daum.net/

- 그림 3 - 구글지도 : https://www.google.co.kr/maps?source=tldsi&hl=ko

- 그림 4 - 비트윈데이트 : https://betweendate.com/

- 그림 5 - 더줌 : https://play.google.com/store/apps/details?id=com.thezumapp.and&hl=ko

- 그림 6 - 야놀자데이트 : http://main.yanolja.com/

- 그림 7 - 구글이미지검색 : https://images.google.co.kr/

- 그림 8 - 구글지도API : https://developers.google.com/maps/

- 그림 9 - 다음지도API : http://apis.map.daum.net/

[첨부 1] 작품 주요 사진(동영상) 첨부

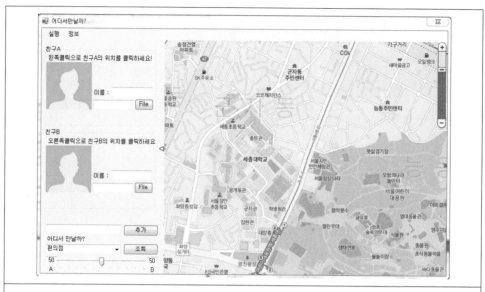

프로그램 실행 화면
프로그램의 기본 실행 화면이다. 친구 A,B의 이름 및 사진을 입력할 수 있고 지도에 클릭하여 위치를 나타낼 수 있다. 또한 A와 B 사이의 비율을 조정할 수 있고 텍스트를 입력하여 지도에 표현할 수 있다.

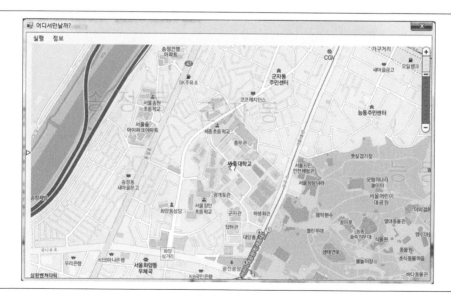

프로그램 메뉴를 옆으로 이동
지도 화면을 넓게 보기 위해서 가운데 버튼을 클릭하면 메뉴를 옆으로 이동시키고 다시 친구 A,B의 위치를 입력할 수 있다.

친구 A의 위치 클릭

친구 A의 위치를 지도에 클릭하면 기본마커의 이미지와 친구A의 이름이 지도에 생성된다. 또한 기존에 사진을 입력할 수 있는 공간은 해당지역의 스트릿 뷰를 표현하면서 가려지게 된다. 스트릿 뷰를 마우스로 이동시켜 각 지역을 볼 수 있다. 스트릿 뷰 체크를 통해 스트릿 뷰를 없앨 수 있다.

친구A에 이름을 넣고 이미지 선택 후 이미지 자르기

친구 A의 이미지를 선택하여 이미지를 자른 뒤 적용할 수 있다. 이해를 쉽게 하기 위하여 화면에 여러 사진을 넣었다. 이와 같은 방식으로 A, B를 적용할 수 있다.

각자의 사진과 이름을 이용한 지도출력

각자의 사진과 이름을 이용하여 사용자의 마커를 만들었다. 이미지위로 마우스 오버 시 원본화면이 출력된다.

어디서 만날까 조회버튼 클릭

현재 A와 B의 위치의 중간점으로 조회를 시작하여 데이터베이스에 저장되어 있는 장소 중 신촌과 세종대의 중간지점과 가까운 장소인 명동의 카페를 추천하였다. 각 마커를 클릭하면 장소 이름과 주소 전화번호 및 클릭하면 장소검색이 가능하다.

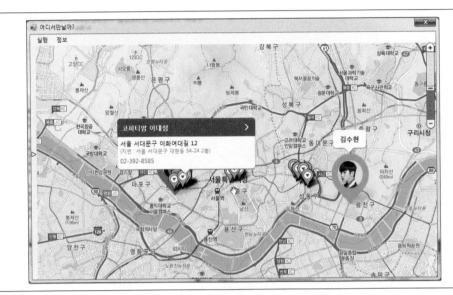

비율을 A에 가중치, B에 가중치, 중간 값으로 실행한 값

A의 위치 쪽에 가깝게 B의 위치 쪽에 가깝게 혹은 정 중앙으로 했을 때 값들을 비교하기 위해 마커를 지우지 않고 계속 두어 사용자의 원하는 위치를 찾을 수 있도록 하였다.

원하는 글을 지도에 표현할 수 있다.

지도에 자신이 원하는 글 문구를 추가할 수 있다. 여러 개를 입력하여 간단한 공지사항이나 문구를 표현할 수 있다.

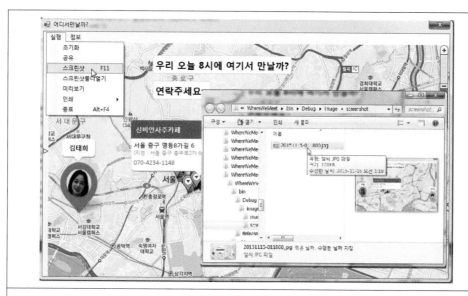

스크린 샷을 기능 후 스크린 샷 폴더 열기

현재 실행되고 있는 화면을 스크린 샷 찍을 수 있으며 자동으로 날짜와 시간의 이름 명으로 저장된다. 스크린 샷 폴더를 통해 현재 저장된 파일을 볼 수 있다.

공유하기 버튼 클릭

현재 실행되고 있는 화면을 사람들과 공유할 수 있다. SMTP서버를 이용하여 지메일로 로그인하여 받은 사람, 제목, 내용과 자동으로 현재 스크린 샷 된 파일을 선택하였다. 첨부 사진을 통해 다른 스크린 샷 사진으로 변경할 수 있다.

메일이 전송됨
공유하기를 통해 메일이 전송된 화면을 볼 수 있다. 프로그램에서 자동으로 WhereWeMeet 프로그램에서 보냄이라는 텍스트 문자를 삽입하도록 설정해 두었다.

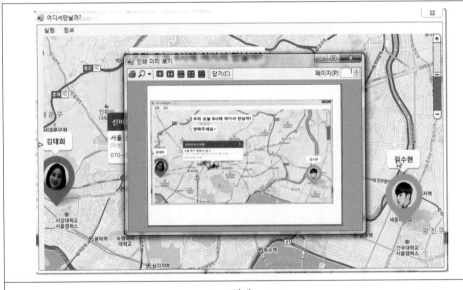

인쇄
현재 실행되고 있는 화면을 인쇄할 수 있는 기능이다.

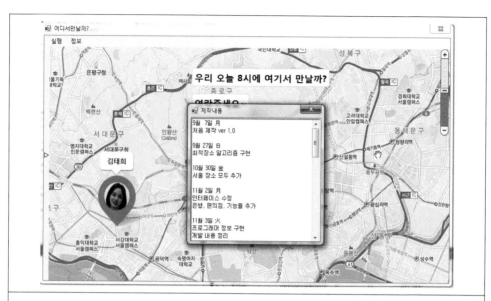

프로그램 제작내용

프로그램을 만들며 제작했던 내용들을 적어 두었고 참고한 자료와 사이트들을 기록하였다. 수정보완 시 날짜에 맞는 백업자료를 활용하기 위하여 만들었다.

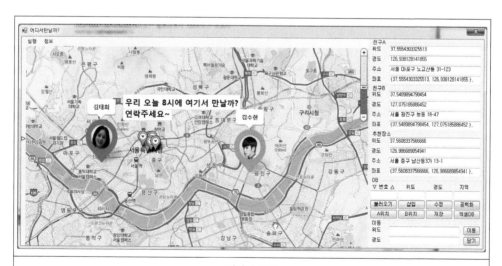

개발자 모드

크롬이나 인터넷익스플로러(IE)에서 F12를 누르면 개발자모드로 변경된다. 이를 이용하여 사용자들도 직접 수정 보완할 수 있도록 개발자 모드를 만들었다. 기존의 프로그램에서 창을 크게 할 수 없도록 막았지만 F12를 누르면 자동으로 화면이 커지고 여기에서 친구A, B의 위치와 주소 값 또는 데이터베이스를 삽입, 수정, 탐색 할 수 있도록 만들었습니다. 필요에 따라 위도 경도를 입력하여 위치로 이동할 수 있도록 만들었다.

[첨부 3] 〈캡스톤 설계 학습성과 평가 결과서_(졸업심사 양식)〉

캡스톤 설계 제목 : 어. 무. 다 삼각지대

(어디서 무엇이 되어 다시 만나랴)

■ 캡스톤 작품 개요

어디서 만날까? 매번 친구들과 고민하던 장소를 혹은 사용자들 간의 적절한 위치를 검색해주는 프로그램이다.

- 기존에 DB에 저장된 위치정보로 두 사용자간의 거리의 비율에 따라 장소를 추천해준다.
- 개발자 모드를 이용하여 DB에 장소를 삽입, 수정할 수 있으며 삽입을 통해 위치를 적용시키고 추천받을 수 있다.
- 추천된 장소를 클릭하면 지도정보가 나온다.
- 사용자들의 사진을 선택하여 지도에 표시할 수 있다.
- 지도에 임의의 텍스트를 추가할 수 있다.
- 스크린 샷을 찍고 저장할 수 있다.
- 현재 보여지는 화면을 인쇄할 수 있다.
- 현재 보여지는 화면을 SMTP를 사용하여 메일 전송할 수 있다.

■ 작품 사진(동영상) 첨부

II. 특허출원

관 인 생 략

출 원 번 호 통 지 서

출 원 일 자   2016.01.22

특 기 사 항   심사청구(유) 공개신청(우) 참조번호(01001)

출 원 번 호   10-2016-0007982 (접수번호 1-1-2016-0073723-36)

출 원 인 명 칭   ○○ 대학교산학협력단(2-2005-011470-2)

대 리 인 성 명   두호특허법인(9-2014-100041-1)

발 명 자 성 명   김원일 백성욱 이재호

발 명 의 명 칭   장소 추천 방법 및 이를 수행하기 위한 장치

특   허   청   장

<< 안내 >>

1. 귀하의 출원은 위와 같이 정상적으로 접수되었으며, 이후의 실사 진행상황은 출원번호를 통해 확인하실 수 있습니다.

2. 출원에 따른 수수료는 접수일로부터 다음날까지 동봉된 납입영수증에 성명, 납부자번호 등을 기재하여 가까운 우체국 또는 은행에 납부하여야 합니다.
  ※ 납부자번호 : 0131(기관코드) + 접수번호

3. 귀하의 주소, 연락처 등의 변경사항이 있을 경우, 즉시 [출원인코드 정보변경(경정), 정정신고서]를 제출하여야 출원 이후의 각종 통지서를 정상적으로 받을 수 있습니다.
  ※ 특허로(patent.go.kr) 접속 > 민원서식다운로드 > 특허법 시행규칙 별지 제5호 서식

4. 특허(실용신안등록)출원은 명세 또는 도면의 보정이 필요한 경우, 등록결정 이전 또는 의견서 제출기간 이내에 출원서에 최초로 첨부된 명세서 또는 도면에 기재된 사항의 범위 안에서 보정할 수 있습니다.

5. 외국으로 출원하고자 하는 경우 PCT 제도(특허·실용신안)나 마드리드 제도(상표)를 이용할 수 있습니다. 국내출원일을 외국에서 인정받고자 하는 경우에는 국내출원일로부터 일정한 기간 내에 외국에 출원하여야 우선권을 인정받을 수 있습니다.
  ※ 제도 안내 : http://www.kipo.go.kr-특허마당-PCT/마드리드
  ※ 우선권 인정기간 : 특허·실용신안은 12개월, 상표·디자인은 6개월 이내
  ※ 미국특허상표청의 선출원을 기초로 우리나라에 우선권주장출원 시, 선출원이 미공개상태이면, 우선일로부터 16개월 이내에 미국특허상표청에 [전자적교환허가서(PTO/SB/39)를 제출하거나 우리나라에 우선권 증명서류를 제출하여야 합니다.

6. 본 출원사실을 외부에 표시하고자 하는 경우에는 아래와 같이 하여야 하며, 이를 위반할 경우 관련법령에 따라 처벌을 받을 수 있습니다.
  ※ 특허출원 10-2010-0000000, 상표등록출원 40-2010-0000000

7. 기타 실사 절차에 관한 사항은 동봉된 안내서를 참조하시기 바랍니다.

Ⅲ. 프로그램

제

프 로 그 램 등 록 증

1. 프로그램의 제호   어디서 만날까
   (명칭)
2. 저작자 성명   ○○대학교 산학협력단   3. 생년월일   240171-0007766
   (법인명)   서울특별시 광진구 능동로   (법인등록번호)

4. 창작연월일   2015년 11월 21일

5. 공표연월일   -

6. 등록사항   저작자 : ○○대학교 산학협력단, 창작 : 2015.11.21

7. 등록연월일   2016년 01월 26일

「저작권법」 제53조에 따라 위와 같이 등록되었음을 증명합니다.

2016년 01월 27일

한 국 저 작 권 위 원 회

9.4 프로젝트 사례 Ⅳ

제목 : BLE(Bluetooth Low Energy) 기반 미아 방지 서비스
　　　(부제 : WIMDS)

1. 개발 목표

　본 시스템(WIMDS)는 부모가 아이를 잃어버렸을 상황에서 빠른 시간에 아이를 찾을 수 있도록 돕기 위한 목적으로 제작되었다.

　'WIMDS' 디바이스를 소지한 아이를 동반하여 외출한 부모는 디바이스의 통신 범위내에서 어플리케이션을 통해 아이의 GPS정보를 확인 가능하고, 아이를 잃어버리게 되었을 때, 미아 신고를 통해 도움을 요청할 수 있다.

　미아 신고가 된 디바이스의 통신 범위 내에 다른 'WIMDS' 사용자가 위치하게 되면 사용자는 해당 디바이스가 미아임을 판단, 디바이스의 GPS정보를 부모에게 전달해 준다. 잃어버린 아이의 GPS정보를 다른 사용자로부터 전달받아 아이의 정확한 위치를 확인 가능하여 빠른 시간내에 아이를 찾을 수 있다.

2. 설계 사양서

- ■ 요구사항 분석서

Use Case 명	어플리케이션 실행
개요	어플리케이션을 실행하면 페이지가 로드된다.
관련 액터	사용자, BLE 디바이스, Server
선행 조건	
이벤트 흐름	기본 흐름 1. 사용자가 어플리케이션을 실행한다. 2. 서버 등록된 디바이스가 있는지 여부 확인을 요청한다. 3. 서버는 어플리케이션에게 등록된 디바이스 여부를 전달한다. 4. 등록된 디바이스가 있다면 메인 페이지로 이동하고 없다면 등록 페이지로 이동한다.
후행 조건	특정페이지로 이동해야 한다.

대안 흐름	*스마트폰이 서버와 통신 불가능한 경우
	1. 경고 후 어플리케이션 종료한다.
	3-1. BLE 디바이스가 하나도 등록되지 않은 경우
	    1.어플리케이션 실행과 동시에 디바이스 등록 단계로 이동한다.
	    2.(흐름 종료)
	*스마트폰에 GPS가 꺼져있을 경우
	1. 어플리케이션에 GPS가 꺼져있음을 알려준다.
	2. 스마트폰의 GPS를 사용 할 것인지 묻고 사용하기를 누르면 GPS정보를 다시 받아온다.

비기능적 요구사항	서버로부터 정보를 5초내로 받아야 한다.

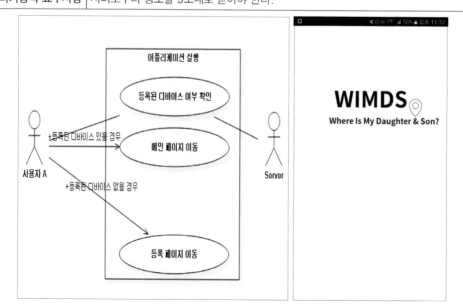

Use Case 명	디바이스 등록
개요	사용자는 자신의 디바이스를 어플리케이션을 통해 등록할 수 있다.
관련 액터	사용자, BLE 디바이스, Server
선행 조건	사용자는 BLE 디바이스를 소지해야한다.
이벤트 흐름	기본 흐름: 1. 사용자는 어플리케이션을 시작한다. 2. 어플리케이션이 등록페이지로 이동한다. 3. 주변의 디바이스 리스트를 보여준다. 4. 디바이스를 선택한다. 5. 디바이스와 아이의 정보를 등록한다. 6. BLE의 맥주소와 아이정보가 DB에 등록된다.
후행 조건	어플리케이션에 결과를 알려줘야 한다.
대안 흐름	4-2 필수정보 누락 시 1. 누락된 정보의 기입을 요구한다. 6-1. 등록완료 후 1. 등록완료 후 해당 디바이스의 메인 페이지로 이동한다.
비기능적 요구사항	디바이스 리스트에서는 WIMDS의 디바이스만 보여준다.

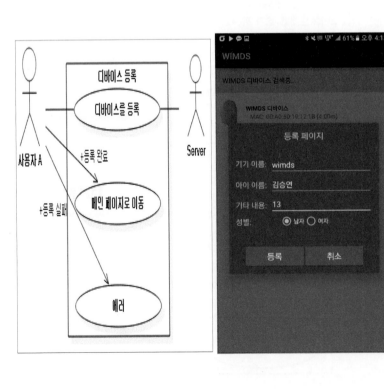

Use Case 명	미아 신고
개요	미아가 발생했을 때 서버에게 미아 디바이스 등록을 요청한다.
관련 액터	사용자, Server, BLE 디바이스
선행 조건	부모 스마트폰과 연결 중이던 BLE 디바이스의 연결이 끊긴다.
이벤트 흐름	기본 흐름 1. 부모는 BLE 디바이스와 연결이 끊기면 "미아 신고" 버튼을 선택한다. 2. 서버에게 연결이 끊긴 BLE 디바이스의 MAC주소, BLE 디바이스의 마지막 GPS정보를 전송한다. 3. 서버는 해당 BLE 디바이스를 미아 상태로 변경한다. 4. 미아 BLE 디바이스의 통신 범위내에 있는 다른 사용자는 해당 디바이스의 정보를 받을 수 있다. 5. 미아 디바이스의 정보를 받은 다른 사용자는 정보를 서버에 전송한다. 6. 서버에 미아의 정보가 갱신이 되면 부모에게 푸시 알림이 온다.
후행 조건	미아의 정보를 서버로부터 받은 부모는 아이의 위치를 지도로 볼 수 있다.
대안 흐름	*서버와 통신 불가능 경우 1. 경고창을 띄운다. 2. (흐름 종료) *스마트폰에 GPS가 꺼져있을 경우 1. 어플리케이션에 GPS가 꺼져있음을 알려준다. 2. 스마트폰의 GPS를 사용 할 것인지 묻고 사용하기를 누르면 GPS정보를 다시 받아 온다.
비기능적 요구사항	미아 디바이스는 매초마다 GPS를 전송한다.

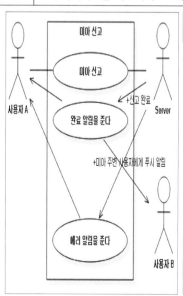

Use Case 명	미아신고 취소
개요	사용자가 등록한 미아 신고를 취소할 수 있다.
관련 액터	사용자, Server
선행 조건	사용자는 미아 신고를 등록해야만 한다.
이벤트 흐름	기본 흐름 1. 사용자는 메인 화면에서 "신고 취소"를 선택한다. 2. 어플리케이션은 Server에 취소하고자 하는 디바이스의 맥주소를 보낸다. 3. Server는 DB에서 취소하고자 하는 디바이스의 상태를 미아가 아닌 상태로 변경 한다.
후행 조건	주변 미아 찾기에서 해당 디바이스가 미아로 표시되지 않는다.
대안 흐름	
비기능적 요구사항	사용자가 미아 신고를 취소한 뒤 3초 이내에 취소돼야만 한다.

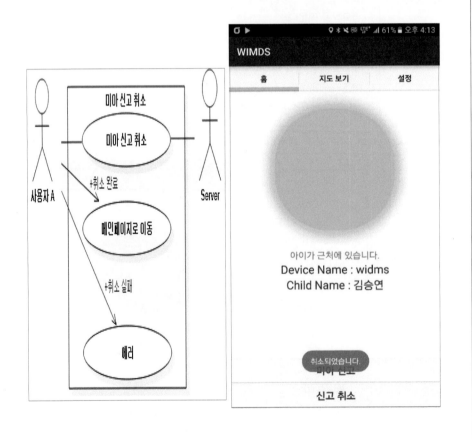

Use Case 명	지도 보기
개요	지도 API를 통해 내 아이의 위치나 주변 미아 디바이스의 위치를 확인 가능하다.
관련 액터	사용자, Server, BLE
선행 조건	주변에 신호를 보내는 디바이스가 존재한다.
이벤트 흐름	기본 흐름: 1. 내 아이 보기 　1-1. 내 아이 보기 버튼을 누른다. 　1-2. 내 아이 디바이스의 GPS정보를 전달받아 지도로 보여준다. 2. 주변 미아 찾기 　2-1. 주변 미아 찾기 버튼을 누른다. 　2-2. 주변에서 신호를 보내고 있는 미아 디바이스의 리스트를 보여준다. 　2-3. 디바이스를 선택하여 해당 디바이스의 위치를 지도로 보여준다.
후행 조건	지도에 표시되는 디바이스의 정보를 함께 보여준다.
대안 흐름	신호를 보내는 디바이스가 없으면 나의 위치만 보여준다.
비기능적 요구사항	

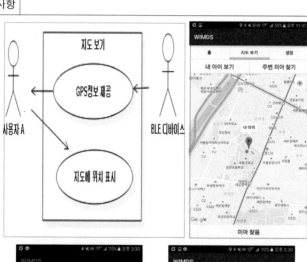

Use Case 명	미아 찾음
개요	미아를 발견해 보호 중인 사용자는 미아 찾음 버튼을 눌러 부모에게 연락을 취할 수 있다.
관련 액터	사용자, Server
선행 조건	미아 BLE 디바이스의 통신 범위내에 다른 사용자가 위치해 있다.
이벤트 흐름	기본 흐름: 1. 주변의 미아 디바이스의 정보를 받는다. 2. 실제 미아를 발견해 보호 중일 경우, '미아 찾음' 버튼을 누른다. 3. 서버가 부모의 정보를 제공해 직접적인 연락을 한다.
후행 조건	미아가 발견하고 보호 중이어도 미아의 GPS정보는 계속해서 부모에게 전송해준다.
대안 흐름	
비기능적 요구사항	

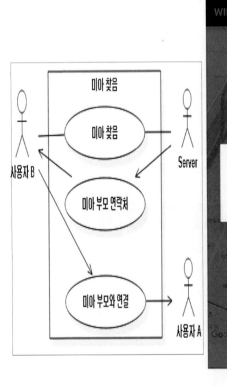

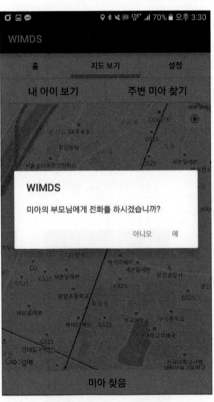

	디바이스 수정
개요	사용자는 설정페이지에서 디바이스 수정을 선택하여 정보를 수정할 수 있다.
관련 액터	사용자, BLE 디바이스, Server
선행 조건	등록된 디바이스가 있다.
이벤트 흐름	기본 흐름: 1. 디바이스 수정페이지로 이동한다. 2. DB에 저장된 디바이스의 정보 불러온다. 3. 수정할 정보를 입력하고 수정 버튼을 누르면 변경한 정보가 DB에 갱신된다.
후행 조건	수정 완료 후 설정페이지로 돌아온다.
대안 흐름	디바이스 수정이 안 된 경우, 오류를 알려준다.
비기능적 요구사항	

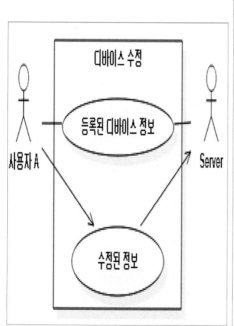

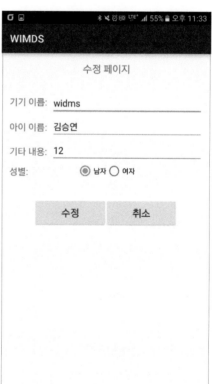

Use Case 명	디바이스 삭제
개요	사용자는 설정페이지에서 디바이스 삭제를 선택하여 등록된 디바이스를 삭제할 수 있다.
관련 액터	사용자, BLE 디바이스, Server
선행 조건	등록된 디바이스가 있다.
이벤트 흐름	기본 흐름: 1. 디바이스 삭제를 선택한다. 2. 알림을 통해 다시 확인한다. 3. 확인 버튼을 눌러 DB에 저장된 디바이스를 삭제한다.
후행 조건	삭제 완료 후 어플리케이션이 다시 실행된다.
대안 흐름	
비기능적 요구사항	

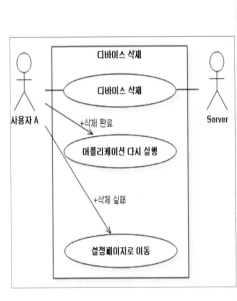

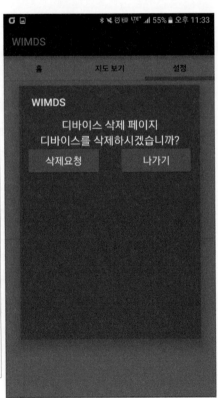

■ 유스케이스 다이어그램

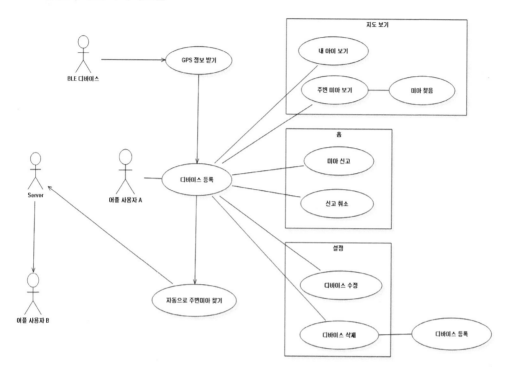

1) 어플리케이션을 통해 BLE 디바이스를 등록하면 메인 화면으로 이동한다.

2) 등록한 디바이스가 통신 범위내에 있으면 거리를 시각적으로 보여주고 지도 보기에서 디바이스의 위치를 실시간으로 확인할 수 있다.

3) 디바이스가 통신 범위를 벗어나 미아가 되면 '미아 신고'를 할 수 있다. '미아 신고'를 하면 서버에서 해당 디바이스를 미아상태로 변경한다.

4) 미아가 된 디바이스의 통신 범위내에 다른 사용자가 있으면 그 사용자의 어플리케이션은 미아의 GPS정보를 받아 서버에 전송한다.

5) 미아의 새로운 위치를 전송받은 서버는 미아의 부모에게 푸시알림과 아이의 GPS정보를 전송한다.

6) 서버로부터 정보를 받은 부모는 '내 아이 보기'에서 아이의 위치를 지도로 확인 가능하다.

7) 부모가 직접 아이를 찾았을 경우 '미아 취소'를 할 수 있다.

8) 디바이스를 소지 중인 미아를 발견한 다른 사용자가 아이를 실제 보호 중일 때는 '주변 미아 찾기'에서 해당 디바이스를 선택하여 '미아 찾음' 버튼을 통해 부모에게 직접적으로 연락이 가능하다.

9) 디바이스를 변경하거나 삭제 또한 가능하다.

3. 테스트 명세서

기능	시나리오	기대 결과	실제 결과
디바이스 등록	디바이스의 정보를 입력한 후 등록 버튼을 누른다.	DB에 디바이스가 등록된다.	일치
디바이스 등록- 리스트	디바이스를 등록하지 않은 상태에서 어플리케이션을 실행한다.	현재 주변에 신호를 주고 있는 등록 가능한 디바이스 리스트가 정렬된다.	일치
미아 신고	미아신고 버튼을 클릭한다.	DB에 해당 디바이스가 미아 상태로 변경된다.	일치
디바이스 통신 범위내에 다른 사용자가 있을 때 미아 신고를 한다.	미아를 찾았다는 푸시 알림이 부모에게 온다.	일치	
신고 취소	미아취소 버튼을 클릭한다.	DB에 해당 디바이스가 미아가 아닌 상태로 변경된다.	일치
지도 보기 – 내 아이 보기	지도 보기 탭에서 내아이 보기 버튼을 클릭한다.	지도에 내아이 위치가 표시된다.	일치
주변 미아 찾기 – 리스트	지도 보기 탭에서 주변 미아 보기 버튼을 클릭한다.	통신 범위 내에 있는 미아 리스트를 보여 준다.	일치
지도 보기 – 주변 미아 찾기	주변 미아 보기 버튼을 클릭하여 불러온 주변 미아 리스트에서 하나를 선택한다.	해당 미아 디바이스의 위치가 지도에 표시된다.	일치
미아 찾음	주변 미아 찾기 리스트에서 디바이스를 선택하고 미아 찾음 버튼을 누른다.	해당 디바이스의 부모에게 전화 연결이 된다.	일치
디바이스 수정	디바이스 수정 버튼을 누른다.	등록된 디바이스의 정보를 불러온다.	일치
정보를 수정하여 저장한다.	DB에 수정한 정보가 저장된다.	일치	
디바이스 삭제	디바이스 삭제 버튼을 누른다.	디바이스가 삭제되면 어플리케이션이 다시 실행된다.	일치

4. 요구사항 대비 시스템 구현 내용

제안서 내용	구현 결과	부족한 점
BLE 모듈과 GPS 모듈을 연동한다.	BLE 모듈과 GPS 모듈을 연동해 GPS 정보를 받아온다.	처음 시작 후 GPS모듈이 GPS정보를 받아오기까지 평균 1분 30초가 소요된다.
스마트폰과 BLE 디바이스의 연결이 끊기기 직전 마지막 위치 정보를 어플리케이션으로 전송한다.	BLE 모듈은 GPS정보의 유효성을 검사하여 신뢰성 있다고 판단되는 GPS정보를 매초마다 전송한다.	신뢰성 있는 GPS정보를 처음 받아 오기까지 평균 5분이 소요된다. 또한 GPS정보가 매초 갱신되지 못하고 평균 2분에 한번씩 갱신된다.
미아 신고 전에는 오직 부모의 스마트폰과의 연결만을 지원하지만 미아 신고가 되면 BLE 디바이스는 주변의 다른 사용자와도 연결이 가능해진다.	BLE 모듈을 Beacon방식으로 구성하여 지속적으로 주변으로 정보를 전송한다. 정보를 전송하는 디바이스가 미아 상태일 때만 다른 사용자들도 해당 디바이스의 정보를 받아 볼 수 있다.	
서비스 사용자들의 GPS정보를 기반으로 미아가 발생하면 미아 주변의 사용자들에게 푸시 알림이 보낸다.	사용자들의 GPS정보를 수집하지 않는다. 미아가 된 디바이스의 통신 범위 내에 다른 서비스 사용자가 위치하면 사용자의 어플리케이션은 미아를 발견하여 미아의 GPS정보를 받아 서버로 전송한다. 서버는 미아의 GPS정보를 갱신하고 부모에게 푸시 알림을 보낸다.	
푸시 알림을 받은 사용자는 '찾기' 버튼으로 주변 미아를 스캔하고, 미아 디바이스가 있다면 연결한 후 디바이스의 GPS정보를 부모에게 전송한다.	미아가 발견 되었다는 푸시 알림을 받은 부모는 어플리케이션에서 발견된 미아의 위치를 확인할 수 있다.	
'미아 찾음' 버튼을 통해 부모에게 직접적으로 연락이 가능하다.	미아를 보호 중일 때에는 '미아 찾음' 버튼을 눌러 부모에게 직접적으로 연락이 가능하다.	구현 결과 : 90/100%

5. 개발 추진 내역

■ : 예상 기간　■ : 실제 소요 기간

일련번호	개발 내용 / 담당	1	2	3	4	5	6	7	8	9	기간
	BLE 활용한 미아방지 디바이스										
	개발 내용 / 담당				추진 일정						기간
1	보고서 작성										9주
	김○진,김○연,한○민										
2	UI 목업작업										1주
	김○연										
3	모듈 세팅 작업										2주
	김○진, 김○연										
4	BLE 프로그래밍										3주
	김○연										
5	서버 개발										4주
	한○민										
6	어플리케이션 개발										5주
	김○진,김○연,한○민										
7	BLE/어플리케이션 연동										2주
	김○진										
8	서버/어플리케이션 연동										2주
	한○민, 김○진										
9	1차 프로토타입 호환성 테스트										2주
	김○진,김○연,한○민										
10	완성품 테스트										2주
	김○진,김○연,한○민										

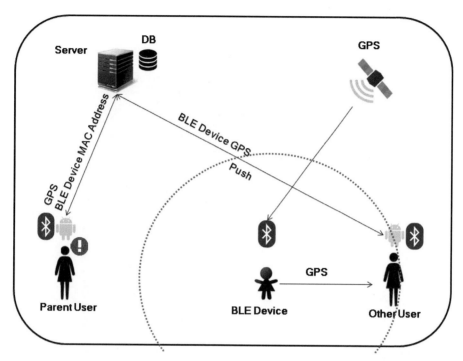

[그림 61] 시스템 구조도

6. 개발 프로그램

스크린샷	설명	스크린샷	설명
	어플리케이션을 실행한다.		등록된 디바이스가 없다면 주변 디바이스 리스트를 불러와 선택 후 등록한다.
	바로 옆에 디바이스가 있다면 초록색, 점점 멀어지면 주황 → 빨강색으로 변하면서 디바이스와의 거리를 시각적으로 표현한다.		'지도 보기' 탭에서 내 아이의 위치를 지도로 확인할 수 있다.

스크린샷	설명	스크린샷	설명
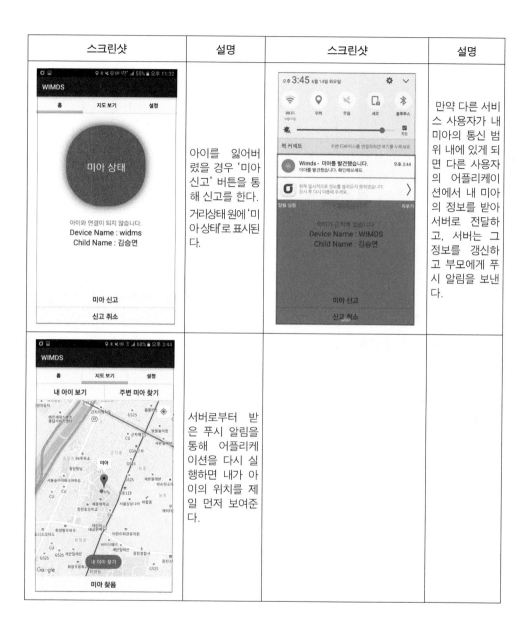	아이를 잃어버렸을 경우 '미아신고' 버튼을 통해 신고를 한다. 거리상태 원에 '미아 상태'로 표시된다.		만약 다른 서비스 사용자가 내 미아의 통신 범위 내에 있게 되면 다른 사용자의 어플리케이션에서 내 미아의 정보를 받아 서버로 전달하고, 서버는 그 정보를 갱신하고 부모에게 푸시 알림을 보낸다.
	서버로부터 받은 푸시 알림을 통해 어플리케이션을 다시 실행하면 내가 아이의 위치를 제일 먼저 보여준다.		

스크린샷	설명	스크린샷	설명
	다른 사용자의 어플리케이션에서는 '주변 미아 찾기'를 통해 주변 미아들의 리스트를 볼 수 있다.		리스트 중 하나를 선택하면 해당 디바이스의 정보와 위치를 확인할 수 있다.
	미아를 보호 중일 때에는 '미아 찾음' 버튼을 통해 미아의 부모에게 직접적으로 연락을 할 수 있다.		

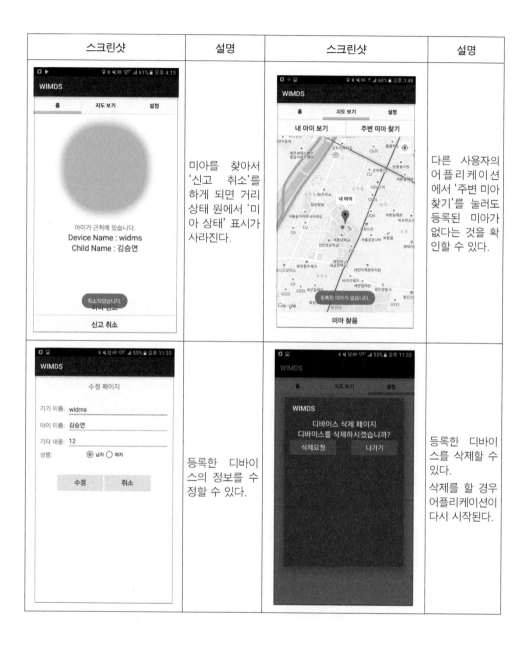

스크린샷	설명	스크린샷	설명
	미아를 찾아서 '신고 취소'를 하게 되면 거리 상태 원에서 '미아 상태' 표시가 사라진다.		다른 사용자의 어플리케이션 에서 '주변 미아 찾기'를 눌러도 등록된 미아가 없다는 것을 확인할 수 있다.
	등록한 디바이스의 정보를 수정할 수 있다.		등록한 디바이스를 삭제할 수 있다. 삭제를 할 경우 어플리케이션이 다시 시작된다.

7. 설계 구성요소

설계 구성 요소	목표 설정	부모들이 아이를 잃어버렸을 때 빠른 시간에 아이를 찾을 수 있는 환경을 만들기 위한 서비스 소프트웨어 개발
	합성	안드로이드 어플리케이션과 Spring 서버, BLE 펌웨어를 응용하여 목표 서비스 구현
	분석	미아가 발생했을 때 어떻게 부모에게 미아의 정보를 찾아 제공할 수 있을지 분석하고, 사용자들 간에 어떤 정보들을 공유할 것인지 분석한다. 분석을 바탕으로 요구사항을 명세서를 작성한다.
	제작	유스케이스, 요구사항 명세서, 데이터구조 설계도를 작성하여 프로그램에 개발에 필요한 모든 구성요소를 파악한 뒤 시스템을 구현한다.
	시험	개발 과정에서 부분적인 기능에 대한 테스트를 진행하고 완성 후에는 여러 가지 서비스 이용 시나리오를 이용하여 개발 과정에서 발견하지 못한 오류를 찾아내어 수정한다.
	평가	평가는 프로그램의 시연을 통하여 평가한다.
제한 조건	산업 표준	설계 단계에서 제안서, 요구사항 명세서, 유스 케이스 다이어그램, 데이터구조 설계도를 작성
	경제성	GPS모듈과 BLE 모듈, 배터리의 사용으로 저가형 상품의 생산을 기대하기는 어렵지만 반영구적 사용 가능으로 가격의 단점을 보완
	안정성	미아를 찾는 핵심 기능을 수행하기 위한 정도로 구현, 다른 환경에서의 시스템 이용과 비정상적인 입력에 관한 처리가 부족함
	미학	사용자의 입장에서 직관적으로 어플리케이션을 사용할 수 있도록 최소한의 버튼과 단순한 디자인 사용
	사회 영향	제 3자에게 휴대폰 번호와 아이의 정보를 제공한다는 단점이 있지만 미아를 찾는다는 궁극적인 목표를 통해 단점을 보완

8. 향후 개선 계획

개발 도구(Kit)에서 불필요한 부분을 더 제거하고 용량이 더 큰 배터리를 사용해서 제품의 소형화를 극대화하고 사용 가능시간을 늘린다. 하나의 어플리케이션에 하나의 디바이스의 정보만을 제공했던 방법을 좀 더 개선하여 여러 개의 디바이스를 등록 가능하게 하고 선택적으로 디바이스의 정보를 어플리케이션에서 볼 수 있도록 한다. 또한 많은 테스트와 보수를 통해 안정성을 확보한다.

9. 개발과정에서의 문제점

펌웨어, 하드웨어(H/W)에 대한 이해와 공부가 부족하여 어플리케이션에서 원하는 정보를 실시간으로 완벽하게 전달하지 못하였다. 3달간의 짧은 않은 기간임에도 불구하고 매주 제출하는 서류 작성에만 급급하여 개발은 꾸준히 진행하지 못했다. 그렇기에 정작 개발에 필요했던 공부를 충분하게 하지 못하였고, 학기 막바지에 무리하며 개발을 진행했다.

의도했던 기능과 서비스를 모두 구현하였지만, 프로그램의 안정성과 신뢰성을 더욱 높이기 위한 테스트에 많은 시간을 할애하지 못하였다. 충분한 검증 기간을 거치면서 프로그램을 개선하여 완벽한 서비스 구현에 대한 아쉬움이 남는다.

9.5 프로젝트 사례 Ⅴ

> **제목 : 안면 인식 기반 전자출결 시스템**

1. 개발 목표

가. 프로젝트 중점

- 지도교수의 권고에 따른 OpenCv를 활용한 안면인식 혹은 사물인식을 기반으로 한 프로젝트.

- 우리 주위에서 쉽게 접할 수 있는 제품을 분석하여 안면(사물)인식 기능을 추가함으로써 편의성 혹은 취약점을 보완할 수 있는 프로젝트.

나. 프로젝트 선정

- 현재 교내에서 사용 중인 전자출결 시스템의 경우 스마트폰을 활용하여 학번, 비밀번호를 사용한 단순 인증을 수행하기 때문에 본인의 스마트폰을 타인에게 맡김으로써 대리출석이 가능한 취약점을 가지고 있음

- 해당 취약점을 보완하기 위한 추가 인증수단으로 인지정보(학번, 비밀번호) 외에 추가적으로 인증정보인 생체정보(안면인식) 의 2가지 요소(2factor) 인증을 도입함으로써 해당 취약점을 보완할 수 있음.

다. 주요 목표

- 기존의 사용 중인 전자출결시스템(U-check)의 기본적인 기능을 자체 개발한다.
  * BLE 모듈을 및 데모 데이터를 생성하기 위한 수강신청 기능을 추가 개발한다

- 안면인식 기능을 개발하여 본인의 인증 여부를 확인할 수 있게 구현한다.

2. 설계사양서

가. 제안 프로젝트 계획서

■ 개인별 프로젝트 진행 계획

구 분	구 현 내 용	주 차
방○환 / PM	프로젝트 개략설계	1주차 ~ 2주차
	프로젝트 상세설계 (운용절차, 데이터 처리 과정 등)	2주차 ~ 4주차
	BLE 시스템 개발	2주차 ~ 4주차
	DB, WAS 서버 구축	4주차 ~ 5주차
주○준 / APP	프로젝트 개략설계	1주차 ~ 2주차
	프로젝트 상세설계 (운용절차, 데이터 처리 과정 등)	2주차 ~ 4주차
	DB, WAS 서버 구축	4주차 ~ 5주차
	연동 테스트	5주차 ~ 8주차
박○우 정○오 / 안면인식	얼굴인식 설계	1주차 ~ 3주차
	사진, 동영상 얼굴 검출	3주차 ~ 4주차
	PCA이용 학습데이터 DB저장	4주차 ~ 5주차
	사진, 동영상 얼굴 비교	4주차 ~ 6주차
	얼굴인식 결합	6주차 ~ 7주차

■ 개발 현황

구 분		구 현
서버	DB	MySQL
	WAS	PHP
	안면처리	C(OpenCv)
클라이언트	APP	JAVA
	BLE	아두이노 AT command

나. 요구사항 분석서

■ 서버 요구사항

구 분	요 구 사 항	요구사항ID	비 고
수강관리	수강신청을 위한 수업 강의 정보를 생성할 수 있다.	R-S-001	-
	생성된 정보를 기반으로 학생으로 하여금 해당 과목에 대한 수강 정보를 등록할 수 있다.	R-S-002	-
	각 과목별 관리자를 부여하여 수강 정보를 수정 및 열람할 수 있다.	R-S-003	-
	APP로 부터 수신된 출결 정보를 DB에 저장하여 출결 정보를 갱신(수정)한다	R-S-004	실제 출결 정보
	학생이 출결을 시도한 강의실의 위치 정보가 정확한지를 판별후 결과값을 반환한다.	R-S-005	-
안면데이터	최초 사용자 등록시 학생의 얼굴을 샘플링 하여 저장할 수 있다	R-S-006	-
	APP로 부터 수신받은 얼굴 정보를 서버에 저장된 얼굴 정보와 비교하여 결과값을 반환한다.	R-S-007	open-cv

* 개발간 최초 요구사항대비 일부 변경됨

■ 클라이언트 요구사항

구 분	요 구 사 항	요구사항ID	비 고
수강관리	출석을 시도한 강의실의 BLE 모듈 ID값과, 강의정보를 서버로 전송 및 결과값을 수신한다	R-C-001	BLE
	개인별 출석 현황을 확인할 수 있다.	R-C-002	-
	출결에 대한 문의 발생시 이의제기를 할 수 있다.	R-C-003	-
안면데이터	카메라 모듈을 컨트롤 하여 학생의 얼굴정보(동영상 등)을 추출할 수 있다.	R-C-004	open-cv
BLE	APP에서 ID값 요청시 고유 ID값을 반환한다.	R-C-005	아두이노

* 개발간 최초 요구사항대비 일부 변경됨

다. 프로젝트 도식화

구 분	내 용
유스케이스 다이어그램	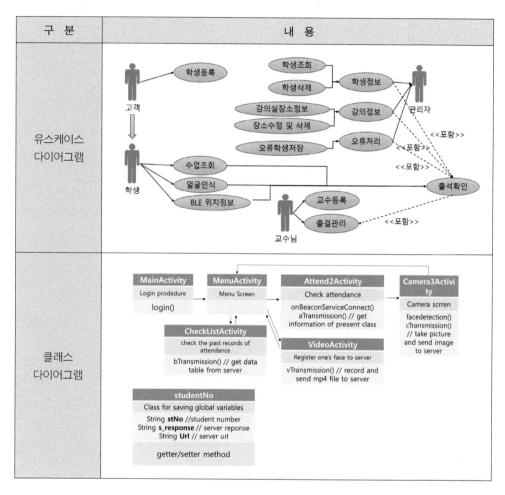
클래스 다이어그램	

구 분	내 용
데이터맵	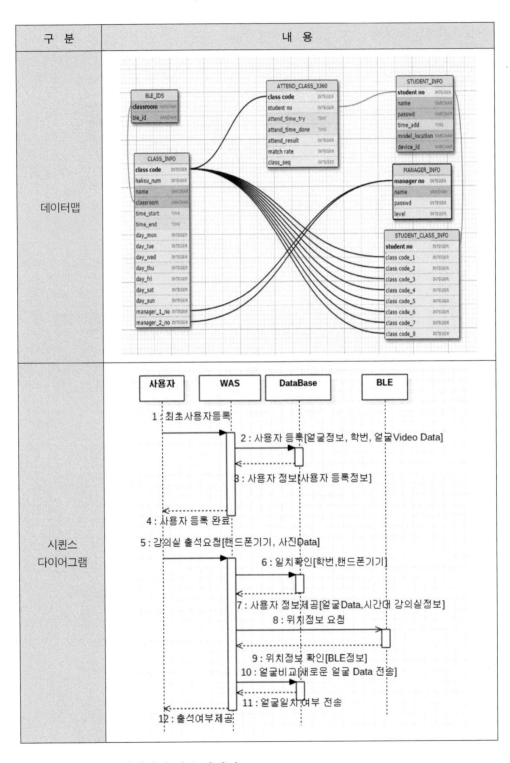
시퀀스 다이어그램	

* 개발간 최초 요구사항대비 일부 변경됨

3. 설계사양서

가. 테스트 위치

- 메인 테스트사이트 : ○○대학교 도서관 7층 상상공간

- 주요 테스트 사이트 : 별도의 사이트 불필요

* 테스트간 위치에 따른 제약사항 없음

나. 테스트 환경

구 성 요 소		모 델 명	수 량	비 고
하드웨어	인증서버	thinkpad-t420s	1	DB, WAS 통합 구축
	인증단말기	안드로이드	1	개인 핸드폰
	BLE 모듈	오렌지보드 BLE	1	아두이노
소프트웨어	인증서버	php	1	http WAS
		OpenCv	1	얼굴인식
		MySQL	1	DB
	BLE 모듈	BLE 제어 S/W	1	아두이노

다. 테스트 항목

구 분		테스트 ID	항 목
학사관리 (서버)	학생등록	T-01	로그인 및 수강신청 등 기본적인 시스템 운용을 위한 인적 사항 생성 확인(학번 / 비밀번호/ 단말기 정보 등)
	안면등록	T-02	안면인식을 위한 샘플정보 등록(Open CV) 및 DB화 확인
	강의정보	T-03	학생이 수강신청을 수행할 과목정보 생성(학수번호 / 강의명 / 강의실 위치 / 수업시간 / 지각(결석) 허용 범위 / 담당 관리자 등) 확인
출석 시스템 (APP)	시스템 로그인	T-04	전자출결을 위한 계정정보 조회 및 서버 접속 확인
	출결정보 확인	T-05	학생 개인별 수강과목에 대한 출결 현황 확인
	출결 수행	T-06	현재 강의실 위치(BLE 킷값)와 출석인원에 대한 안면정보 (model OR PIC) 생성 및 전송 확인

라. 테스트 결과

테스트 ID	결 과	통 과 여 부
T-01	수강관리 시스템을 통한 인적사항 생성 확인	만 족 함
T-02	핸드폰의 동영상 녹화 및 전송 기능을 통한 모델링 확인	만 족 함
T-03	수강관리 시스템을 통한 수강정보 생성 및 수강 신청 관리 가능 확인	만 족 함
T-04	APP을 통한 수강 현황 조회 및 접속 확인	만 족 함
T-05	APP을 통한 개인별 수강 과목 출결 확인	만 족 함
T-06	각 강의실별 BLE ID 부여 및 ID 인증 이후 다음단계로 진행됨을 확인	만 족 함

4. 요구사항 만족(계획대비 요구사항)

가. 현황 요약 : 모두 만족

구 분	만 족	설 계 변 경	미 만 족	계
현 황	9	3	없음	12

나. 서버 요구사항

구 분	요구사항ID	구 현 내 용	만 족 여 부
수강관리	R-S-001	수강관리 메뉴를 통한 수업 강의 정보 생성 가능토록 구현 완료	만 족 함
	R-S-002	별도의 수강신청 기능을 구현하여 수강관리가 가능토록 구현	만 족 함
	R-S-003	출결 관리 기능을 통해 출석 정보를 수정 할 수 있도록 구현	만 족 함
	R-S-004	APP 와 연계하여 주어진 시간 조건에 따른 출결정보를 생성하도록 구현	만 족 함
	R-S-005	BLE의 UUID 값을 기반으로 강의실 위치에 대한 확인이 가능토록 구현	만 족 함
안면데이터	R-S-006	최초 안면등록 기능을 통해 얼굴을 샘플링 하여 저장토록 구현	만 족 함
	R-S-007	APP로부터 전송받은 사진을 기존에 저장되어있는 샘플과 비교하여 일치, 불일치를 반환할 수 있도록 구현	만 족 함

* 개발간 최초 요구사항대비 일부 변경됨

다. 클라이언트 요구사항

구 분	요구사항ID	구 현 내 용	만 족 여 부
수강관리	R-C-001	강의정보와 BLE_ID 값을 서버로부터 전송받아 비교하는 형태로 수정	부분 설계변경
	R-C-002	출석확인 메뉴를 통해 출석 현황 확인이 가능하도록 구현	만족함
	R-C-003	출결에 대한 문의(안면 오류)에 대한 이력 관리 기능을 구현함	부분 설계변경
안면데이터	R-C-004	동영상을 촬영하여 서버로 전송한 후 모델링을 수행하는 형태로 수정	부분 설계변경
BLE	R-C-005	BLE UUID를 수신받아 처리하는 형태로 구현 완료	만족함

* 요구사항 만족을 위해 설계를 부분 변경하여 만족하도록 개발

5. 개발추진 내역

가. 계획대비 개발 추진 : 만족

나. 개발 경과도

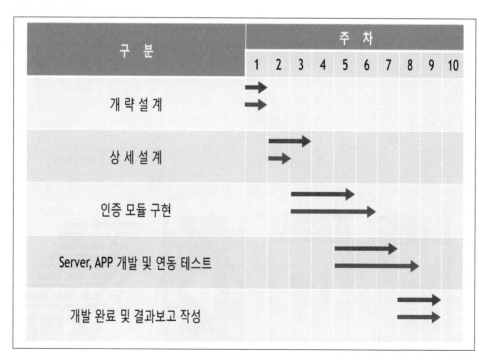

6. 개발 프로그램

가. 시스템 현황

■ 시스템 구성 : 서버(노트북), BLE모듈, 스마트폰(안드로이드)

구 분	모 델 명	수 량	비 고
인증서버	thinkpad-t420s	1	DB, WAS 통합 구축
인증단말기	안드로이드	1	개인 핸드폰
BLE 모듈	오렌지보드 BLE	1	아두이노

■ 시스템 운용

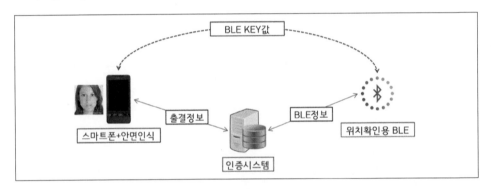

나. 어플리케이션

■ 안면등록 절차

스마트폰			인증시스템
① 정보수정	② 얼굴등록	③ 안면전송	④ 안면정보 추출 및 저장

■ 출석체크 철자

스마트폰		
① 출석체크	② 강의실위치확인	③ 안면전송
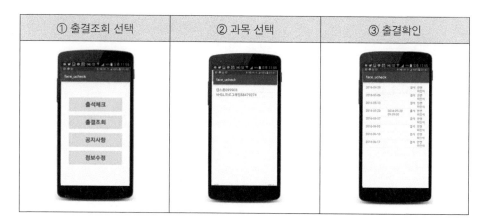		

인증시스템		
④ 저장된 안면정보와 비교	⑤ 안면검출 결과 반환 (일치 / 불일치)	⑥ 출결시간 확인

■ 출결확인 절차

① 출결조회 선택	② 과목 선택	③ 출결확인

다. 인증시스템

■ 안면등록정보 확인

실제 저장된 안면정보	출결 시스템에 저장된 안면정보

■ 출결정보 확인

생성된 강의 목록	강의별 출결정보 확인

7. 설계 구성요소

가. 설계 구성요소

* 목표설정 : 본 과목 학습의 주제인 안면인식을 활용하며, 기존에 개발된 시스템의 문제점을 식별하여 개선하는 방향으로 주제 및 목표를 설정하였음

- 합성 : 개인별 기존수강한 과목의 지식을 유기적으로 결합하여 결과물을 제작하였음

학 생	방 경 환	주 범 준	박 건 우	정 찬 오
연계과목	C, JAVA, 웹프로그래밍	JAVA	영상처리, C	영상처리, C

- 분석 : 기존에 제작된 위치기반 출결시스템의 취약점을 개발자가 직접 고민해보고 이것을 어떤 식으로 개선할지에 대하여 토의하였으며, 요구사항 명세 또한 실제 필드에서 사용할 수 있을 정도의 수준으로 작성하였음

- 제작 : 선 계획 및 후 제작의 형태로 시스템 전반에 대한 설계를 완료 한 이후 설계 단계에 맞게 모듈을 결합하는 형태로 진행하였음

- 시험 : 실제 데모 상황에 맞는 테스트 DB를 작성하고 실제 데모 상황을 가정하여 시험을 진행하였음

- 평가 : 일련의 과정을 거쳐 완성된 시스템은 최초 정의하였던 요구사항을 만족함이 확인되었음

나. 제한조건

- 산업표준 : 표준 개발 가이드라인에 따라 프로젝트를 진행하였으며 시기별 적합한 산출물을 제작하여 제출하는 등 절차에 맞게 진행하였음

- 경제성 : 기존에 운용 중인 서버에 설치하는 형태로 시스템을 구축할 수 있으며 추가적으로 필요한 장비는 아두이노 하드웨어로 저렴한 가격에 구축이 가능

- 안정성 : 고도의 트래픽을 사용하는 시스템이 아니기 때문에 예상되는 취약점은 식별되지 않음

- 미학 : 사용자의 조작을 최소화하기 위한 사용자 인터페이스(UI)를 도입하여 버튼 2번만으로 출결을 수행할 수 있게 개발하였음

- 사회영향 : 본 시스템을 사용함으로써 보다 수월한 출결관리를 수행할 수 있을 것으로 기대가 됨

8. 팀 목표대비 달성도

가. 영상처리 분야 : 민감도를 조절하여 본인이 인증하였는지, 타인이 인증하였는지에 대한 구분이 가능하도록 구현하였음.

나. 인증시스템 분야 : 최초 계획한대로 수강관리 시스템의 일정부분을 정상 작동하도록 구현하였고, 이를 통해 출결관리가 가능하도록 하였음

다. 총평 : 최초 계획대로 정상 구현되었음.

9. 향후 개선 계획

추가적인 학습을 통해 향후 보다 더 나은 프로젝트를 수행할 수 있는 기반을 마련하기 위해 노력하겠으며 기회가 주어진다면 해당 시스템을 개선하여 상품성을 보강하도록 하겠습니다.

10. 개발과정에서의 문제점

가. 안면인식 개선

- 기존에 개발한 안면인식의 경우 얼굴 뿐만 아닌 배경까지 해당 정보를 추출하여 모델링함에 따라 실제 인식수행시 인식률이 떨어지는 문제를 식별함.
- 개선의 방법으로 이미지의 전처리 과정을 통해 실제 얼굴부분만 잘라내어 모델링을 수행한 결과 인식률의 향상을 볼수 있었음.

나. 인증 위치 변경

- 최초계획은 안드로이드 APP에 NDK를 탑재하여 클라이언트에서 안면정보를 비교하는 형태로 계획되어 있었음.
- 보안상의 문제와 안드로이드 핸드폰 성능을 감안하여 클라이언트 인증이 아닌 서버에서 인증을 수행하고 결과값을 반환받는 형태로 개선하였음.

다. BLE ID값 획득

- 샘플코드를 통해 BLE UUID값을 받아오는 코드를 작성하였지만 정상적으로 값을 받아오지 않았음.

- 확인 결과 상위버전의 안드로이드의 경우 보안설정을 통해 위치관련 권한을 허용해 주어야 함을 확인하고 조치한 결과 정상 작동함을 확인할 수 있었음.

|양효식|

• 명지대 정보통신공학과 학사

• 미국 애리조나 주립대 박사

• (전) 경남대학교 전자공학과 전임강사

• (현) 세종대학교 컴퓨터공학과 교수

|백성욱|

• 서울대 계산통계학과 학사

• 미국 조지메이슨 대학 박사

• (전) 미국 Datamat System Research Inc. 연구원

• (현) 세종대학교 소프트웨어학과 교수

산학협력 프로젝트를 위한 캡스톤 디자인

1판 1쇄 발행 2020년 10월 15일
1판 4쇄 발행 2023년 02월 06일
저   자 양효식·백성욱
발 행 인 이범만
발 행 처 **21세기사** (제406-2004-00015호)
　　　　경기도 파주시 산남로 72-16 (10882)
　　　　Tel. 031-942-7861   Fax. 031-942-7864
　　　　E-mail : 21cbook@naver.com
　　　　Home-page : www.21cbook.co.kr
　　　　ISBN 978-89-8468-642-7

정가 26,000원